21世纪全国高等院校艺术设计系列实用规划教材

FORMAT DESIGN
版式设计

周峰 编著

内 容 简 介

版式设计是艺术设计专业的重要课程，也是各种媒介载体表现的基础。

本书对版式设计的基本定义和包含的内容作了阐释，阐明版式设计在现代设计中的重要性及应用性；从版式设计的起源与发展和流派的讲解中展现版式设计的特征及风格；通过对版式设计的基本形式法则和视觉要素的分解，使读者对版式设计有更深的认识；并通过版式设计的视觉流程及栅格系统的讲解，使读者掌握传统版式设计的栅格系统及设计流程。以上这些传统的理论知识也是现代设计必须遵循的规律。版式设计作品很大程度上要借助印刷等手段来表现，故对与印刷有关的基础知识的讲解也是必要的。本书还从版式设计在平面应用领域中报纸、书籍杂志、广告媒介、网页等几个方面，结合具体的案例作了细致的讲解，让读者能更充分地认识和了解版式设计。

全书通过对版式设计基础理论知识的讲解，从而提高读者对版式设计的认知程度，有利于帮助读者解决学习中遇到的各种问题，在设计中创作出更优秀的设计作品。

本书可作为高等院校艺术设计相关专业的教材，也可作为从事艺术设计人员的参考用书。

图书在版编目(CIP)数据

版式设计/周峰编著. —北京：北京大学出版社，2009.9
 (21世纪全国高等院校艺术设计系列实用规划教材)
 ISBN 978-7-301-15850-0

Ⅰ.版… Ⅱ.周… Ⅲ.版式—设计—高等学校—教材 Ⅳ.TS881

中国版本图书馆 CIP 数据核字(2009)第 167712 号

书　　　　名：	版式设计
著作责任者：	周　峰　编著
责 任 编 辑：	孙　明
标 准 书 号：	ISBN 978-7-301-15850-0/J · 0256
出　版　者：	北京大学出版社
地　　　　址：	北京市海淀区成府路205号　100871
网　　　　址：	http://www.pup.cn　http://www.pup6.com
电　　　　话：	邮购部 62752015　发行部 62750672　编辑部 62750667　出版部 62754962
电 子 邮 箱：	pup_6@163.com
印　刷　者：	北京宏伟双华印刷有限公司
发　行　者：	北京大学出版社
经　销　者：	新华书店
	787mm×1092mm　16开本　7.75印张　174千字
	2009年9月第1版　2013年1月第2次印刷
定　　　　价：	32.00元

未经许可，不得以任何方式复制或抄袭本书之部分或全部内容。
版权所有　侵权必究　　举报电话：010-62752024
　　　　　　　　　　　　电子邮箱：fd@pup.pku.edu.cn

前 言

　　一幅优秀的设计作品是在准确传达信息的同时，能够使观者享受到视觉上的形式美感。设计师为了达到这一目的，除了要有超凡的创意之外，很大程度上还要取决于对各种视觉元素在有效的范围内进行的合理布局。以新颖、独特和明晰的设计方式进行编排，使设计作品达到内容与形式的高度统一，这也正是版式设计的内涵与意义所在。

　　本书通过对版式设计基本理论知识循序渐进地介绍，以及对版式设计中各种视觉要素的视觉特征、情感、形式法则的讲解，结合其在平面设计中如报纸、广告、杂志、样宣、网页等具体媒介载体的运用，辅以大量案例及图片的阐释，让读者充分认识和了解版式设计的神奇魅力。

　　版式设计在科技日新月异的今天，已经超越传统，具有全新的意义与内涵。在视觉审美、形式手法、制作工艺等方面有了很大的发展。对于版式设计操作流程的讲述和与之关系密切的印刷与工艺的讲解，不仅有助于初学者提高认识，还能帮助经验丰富的设计师推陈出新，设计出更多的优秀作品。

　　由于编者学识有限，书中不当之处在所难免，还望专家学者及广大读者提出宝贵意见。

　　本书从各类合法的公开出版物和网站上精心选择了一些优秀的版式创意作品。为此，要向被引用图片的作者和出版者对于本教材和高等艺术设计教育的支持表示诚挚的感谢。

周　峰

2009年7月

版 式 设 计

设计教育是一项终身活动,永恒的变化鞭策着我们要不断革新,为了紧跟这个时代、这个领域的迅猛发展,必须潜心探索并且以灵活而好奇的心态去求知、实践。——Amy E. Arntson

目 录

- 第一章 版式设计概述 ·· 1
  - 第一节 版式设计的定义 ·· 2
  - 第二节 版式设计的目的和意义 ·· 5
  - 练 习 ·· 7

- 第二章 版式设计的起源与发展 ·· 9
  - 第一节 版式设计的起源及现代版式设计的风格 ·· 9
  - 第二节 版式设计的特点及计算机应用对版式设计的影响 ································ 15
  - 练 习 ·· 20

- 第三章 版式设计的形式法则与视觉要素 ··· 21
  - 第一节 版式设计的形式法则 ·· 21
  - 第二节 版式设计的视觉要素 ·· 25
  - 练 习 ·· 40

- 第四章 版式设计的视觉流程及栅格系统 ··· 41
  - 第一节 版式设计的视觉流程 ·· 41
  - 第二节 版式设计的栅格系统 ·· 48
  - 练 习 ·· 59

- 第五章 版式设计流程与印刷 ·· 61
  - 第一节 版式设计的流程 ·· 61
  - 第二节 版式设计与印刷 ·· 64
  - 第三节 版式设计的应用软件 ·· 71
  - 第四节 常用的印刷纸张 ·· 73
  - 练 习 ·· 76

- 第六章 版式设计在平面设计中的应用 ·· 77
  - 第一节 报纸的版式设计 ·· 77
  - 第二节 书籍和杂志的版式设计 ·· 78
  - 第三节 广告的版式设计 ·· 86
  - 第四节 宣传品的版式设计 ··· 95
  - 第五节 网页中版式设计的应用 ·· 101
  - 练 习 ·· 105

- 第七章 版式设计作品赏析 ·· 107
  - 练 习 ·· 114

- 参考文献 ·· 115

- 后 记 ·· 116

第一章　版式设计概述

> **学习目标：** 了解版式设计的意义与内涵，从日常生活中的各种媒介，认识版式设计的重要性。
>
> **教学要求：** 从一张名片的编排设计开始，引导学生认识版式设计的作用。

每年都会有许多毕业生走上工作岗位，进入人生的另一个重要阶段。作为设计专业的毕业生，在找工作面试前都会为自己精心设计一份自荐书或一张名片。一份自荐书的封面或一张名片都能反映设计者的设计水准和审美价值，并决定着他的未来。名片上的姓名犹如视觉元素中的点，学校名称代表着视觉上的线，设计的作品和照片便是图形的运用，要让设计封面和名片包含设计者大学四年里所学过的构成、色彩、形式法则等知识。用心设计好了这些，好的工作机会便会眷顾我们，同时事业便有了好的开始！而版式设计的学习我们也从名片开始！

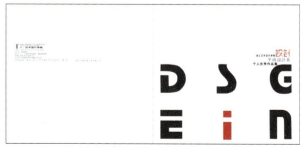 

图片来源：GRAPHIC DESIGN

图片来源：GCREATIVE 2005

第一节 版式设计的定义

只要我们留心观察，就会发现生活中的报纸、电视、网络等各个媒体都在传播着各种各样的信息。无论是超市里令人眼花缭乱的商品包装，还是街道上无处不在的广告牌，这些设计作品无一例外地都包含着版式设计的因素。所有这些传统媒体和新兴载体都通过各种形式在向人们传达着各种信息。构架这些信息的视觉元素，经过设计师的编排，巧妙地设计出各种精美的版面形式，使其彰显产品的个性，激发人们的购买欲望。可以说版式设计已经和人们的生活紧密联系在一起，学习版式设计对设计师来说显得尤为重要。

一名优秀的演员通过他的肢体、表情就可以传达他所要表达的主题和思想。版式设计师就像一部电影的导演，文字、色彩、图形是设计师的道具，他将文字、色彩、图形元素进行组合与编排，使画面有张有弛、充满节奏韵律、生动有趣、引人注目。也有人把版式设计师比喻为作曲家，将不同的色调肌理与形态视觉要素组织成变化丰富而又高度统一的优美乐曲。

版式设计是指在设计活动中，根据主题表达的要求，在规划的版面空间里，将视觉传达的各种要素，按照一定的形式原理，进行有机的组合排列与编排的一种设计表现方法。版式设计是一项应用范围广，并且有趣的创造性活动，它在特定的主题思想支配下，最大限度地发挥想象力，把图形、文字、色彩等视觉要素经过加工和有机组合，创造出具有视觉魅力及信息传递准确的作品。

图片来源：*ADC*

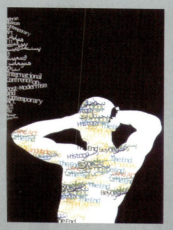

图片来源：*2005 WORLD DESIGN ANNUAL*

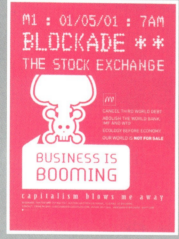

图片来源：*2005 WORLD DESIGN ANNUAL*

图片来源：*ADC*

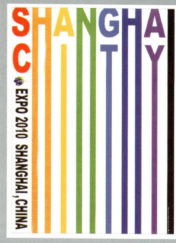

图片来源：*2005 WORLD DESIGN ANNUAL*

图片来源：*2005 WORLD DESIGN ANNUAL*

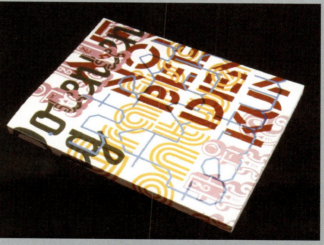

图片来源：*ZOOM IN ZOOM OUT*

第一章　版式设计概述

版式设计

1 | 2

图1 图片来源:
ZOOM IN ZOOM OUT
图2 图片来源:
2005 WORLD DESIGN ANNUAL

 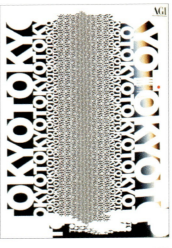

3 | 4

图3和图4 片来源:
ANNUAL BOOK

 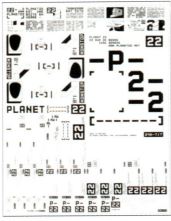

5 | 6

图5 图片来源:
ADC
图6 图片来源:
2005 WORLD DESIGN ANNUAL

第二节 版式设计的目的和意义

在我们周围，版式设计发挥着重要的作用。无论是产品包装和宣传手册，还是街道上各种形式的广告，版式设计都是其重要的表现形式。可以说，版式设计是平面设计的基础。

在现代商业社会，各种信息充斥着人们的视觉和听觉，到底哪些信息能让人们愉快地去接受和阅读呢？哪些版式更能吸引人们的眼球呢？生活中的各种媒介载体通过设计师的版式设计，把美的感受和信息需求、观点传达给受众，并且通过编排设计将版面安排得更合理。版式的设计不仅要美观，更要注意视觉传达功能的要求，这样才能快速有力地传达信息。所以说版式设计是艺术与功能的结合，艺术性要建立在功能要求的充分满足之上。社会的发展和变化，使人们的视觉习惯和审美趣味逐渐改变，这样就更要求设计师更新观念，改变陈旧的设计思路。人们的视觉往往厌倦司空见惯的形式，而独特和具有个性的版式能够最大限度地吸引人们的视线。好的版式设计既可以使画面形式更加服从内容，能够很好地提高信息的表达效果和效率，使受众不仅能较好地接受信息，而且能从中感受到视觉上的美感，这也是版式设计的意义所在。

版式设计的目的是为了让作品更好地起到传递信息的作用。作为版式设计师，首先应该明确所要表达的主题和目的，其次是运用表现手法和好的创意来表现主题思想。在进行版式设计的过程中，设计师往往遇到画面构成元素过多，造成画面拥挤的现象，这个时候就要考虑突出什么信息，削弱什么信息。而这些都是版式设计所要考虑和解决的问题。如果能够通过精心设计，把各种元素根据特定内容联系起来，使版式的形式高度服从版式的内容，并用独特的、具有形式美感的构成元素组合起来，那么版式设计就变得更有意义了。

版式设计的应用范围很广，在报纸、杂志、包装、招贴、书籍装帧、网页、宣传册等媒介载体上，人们无时无刻不在感受着版式设计带来的视觉上的新奇与冲击。版式设计已经成为平面设计的重要组成部分，它的广泛性、多样性成为人们了解社会、接受信息和传达情感的重要手段。

在版式设计中，任何视觉元素如点、线、面等，都是具有生命力和视觉情感的。如何进行编排设计是对设计师文化底蕴、形式审美等综合的考验。学习版式设计是一个循序渐进的过程。

在日常生活中，常见的食物包装、阅读的书籍杂志、浏览的网站等，都包含了版式设计的因素。版式设计是现代书籍装帧、包装设计、杂志编排、海报设计不可分割的一部分，对书籍、杂志、海报版式的视觉传达效果有着直接的影响。版式设计的主要功能是构建信息传达的视觉桥梁，版式构成要素的协调组合可以有效地传达各种信息。

随着时代的发展，现代设计已呈现图文互动的趋势，而先进的印刷技术也丰富了版面设计。版面的设计呈现出多元化、艺术化的趋势，这就对设计者提出了更高的要求。

包装、报纸、网站等的版式设计无论怎样变化，都不能脱离版式设计的基本规律。包装上的版式应主要考虑商品本身，海报上的版式应主要考虑设计师所要传达的设计主题思想，而网站上的版式应主要注意浏览者的阅读习惯和信息表现的明确性。

版式设计多种多样，但无论它如何变化，最终目的都是为了更好地、更有效地传递信息。所以说版式设计是实现传达功能的一种手段。

图片来源：*ADC*

图片来源：*ADC*

图片来源：*ANNUAL BOOK*

图片来源：ZOOM IN ZOOM OUT

图片来源：AREA2　　　图片来源：ANNUAL BOOK　　　图片来源：壹峰设计

第一章 版式设计概述

图片来源：WEB DESIGN INDEX BY CONTENT　　　图片来源：WEB DESIGN INDEX BY CONTENT

练习：为自己设计一张个性化的名片。以姓名、地址、电话等内容构成，从名片的设计中反映出真实的自我。

7

第二章 版式设计的起源与发展

> **学习目标**：主要讲述了版式设计的起源及发展，通过介绍版式设计发展的不同历史时期的风格，以及现代版式设计的形式特点，帮助学生汲取版式设计经验，创新版式设计形式。
>
> **教学要求**：有目的的收集版式设计的资料，认识版式在不同时期的视觉特征，关注生活中各种与版式设计相关的媒介。

第一节 版式设计的起源及现代版式设计的风格

在设计专业课程的学习中，从专业基础的图案课到专业课程的图形、标志、包装等都会涉及这些内容的起源与发展，虽然具体到每门课程有所不同，但人类艺术发展史是跟整个人类社会的起源发展是密不可分的。版式设计的起源与发展也贯穿艺术发展史的整个过程。

纵观人类文明的发展史，任何艺术形式的发展都与当时的社会、文化、政治、经济等因素有极其密切的关系。不同艺术风格流派的形成都和当时的社会因素有着不可分割的关系，不同历史时期的艺术风格也不尽相同。版式设计的起源与发展也不例外，也跟人类社会的发展史和艺术史密不可分。版式设计经历了从无意识到有意识，由无规则到有秩序化，并发展到艺术风格化的变化过程。

1. 版式设计的起源

在人类文明的早期阶段，人类的祖先创造了各种符号来交流信息、记录生活，在这个过程中，人类也就产生了编排这些符号的意识。通过刻在岩洞上的壁画或兽骨上的各种文字，可以看到人类祖先早期朦胧的编排意识，那是人类版式设计的起源。

在古代埃及，人们在纸草和石碑上记录了许多重要文献，这些文献都反映了当时的政治、经济、宗教和文化。这些文献布局自由，图形穿插于文字中，文字图形交相呼应，色调变化精细有序。古代埃及的文献中还运用了许多直线来分隔文字，这和东方的运用木版印刷的书籍版式十分相似。并且整个版面错落有致，具有高度的装饰性，即使在今天看来，这些文献都具有极高的艺术欣赏价值。

中国古代四大发明中的印刷术和造纸术，为全人类的文明和社会进步开创了新的局面，也有力地促进了版式设计的发展。在东汉时期，蔡伦改进了造纸术，大

版式设计

大降低了纸的制造成本，为印刷术的诞生创造了必要的前提条件，也使得版式设计的发展有了原动力，这使得当时中国的平面印刷领先于世界。

早期中国的印刷术为石版拓印，也就是凸版。拓印是将石刻上的文字和图形复制下来的一种技术，把柔软的薄纸浸湿后敷在石刻上，用木捶和毛刷隔着毡布轻敲慢拂，让纸嵌入石刻凹陷部分。待纸张完全干透后用刷子沾墨均匀地刷在纸上，凹下部分不会沾到墨，突起部分便刷上了黑色，把纸揭下来后，就得到了黑底白字的正写拓片，这种技术就是印刷术的原理。

在唐代出现了雕版印刷术，它的产生标志着印刷术的真正诞生。唐代的《金刚经》是世界上发现最早的印有出版日期的印刷品。木版印刷大大提高了印刷品的质量和印刷效率，在唐代以后到清代末年，中国的主要印刷品都是运用木版印刷的方法印制的。古代中国的版式设计在木版印刷技术的帮助下已经相当成熟，具有自己独特的个性。之后，中国的木版印刷品流传到整个亚洲和欧洲，对世界的艺术和文化都产生了巨大的影响。

版式设计是在印刷术的成熟和发展的基础上得以发展的，在不断改进印刷术的基础上，版式设计也日趋成熟和具有风格化与艺术化，形成了不同时期不同流派的特征。

图片来源：印刷博物馆

图片来源：印刷博物馆

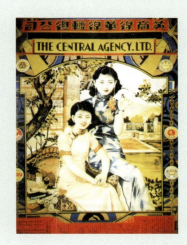

图片来源：古籍书店

2．现代版式设计的风格

版式设计随着社会的发展在不同的时期，受到各种不同文化和艺术流派风格的影响，形成了一些独特的设计风格。20世纪的设计发展是一个革命的飞跃的过程，各种艺术思潮对版式设计产生了深远的影响。

版面设计理论的形成，源自20世纪的欧洲。英国人威廉·莫里斯最先倡导了一场工艺美术运动，并随之在欧美得到广泛响应。在平面设计中，威廉·莫里斯尤其注重版面编排，强调版面的装饰性，通常采取对称结构，形成了严谨、朴素、庄重的风格。威廉·莫里斯的古典主义设计风格，开创了版式设计的先导。

整个人类社会的编排发展史是一个漫长的过程，并且与人类社会艺术发展史密不可分，这里我们归纳性地总结几个历史阶段的艺术特征及编排设计的特性。20世纪初，随着资本主义经济与工业化的迅速发展，经济基础和生产关系发生了根本的改变，也影响了20世纪"现代主义"的设计观点。当时，欧洲的艺术基本沿着两条不太相同的路径发展，一是强调艺术家的个人表现，强调心理的真实写照，表现主义、超现实主义及抽象表现主义等属于这一路；二是力图在形式上找到所谓"真实的"、代表新时代的方式，立体主义、构成主义、荷兰的"风格派"等都属于这一路。在20世纪众多的现代艺术运动中，有不少对平面设计以及编排设计产生相当程度的影响，特别是形式风格上的影响。其中以立体主义的形式，未来主义的思想观念，达达主义的版面编排以及超现实主义对于插图和版面的影响最大。它们在意识形态上为现代平面设计提供了营养，对平面设计的发展起到了促进作用。

1）立体主义

立体主义源于立体派绘画，主张不模仿客观对象，重视艺术的自我表现和对具体对象分析、重构、综合处理；强调纵横的结合规律，强调理性规律在表现"真实"中的关键作用。这种思想观念影响到平面设计，以至于后来荷兰的风格派、俄国的构成主义，尤其是德国的包豪斯学院，都把立体主义进行了进一步发展，它们成为早期现代主义的代表。

2）未来主义

未来主义主张对工业化极端膜拜和高度的无政府主义，反对任何传统艺术形式，极端追求个性自由；主张将版面、文字和图形等视觉元素，进行随意的安排，不受任何固有原则限制；强调文字、图形混排造成的韵律和节奏感，而不以文字所要表达的实质意义为重。未来主义在国际主义风格形成以后，这一反传统的设计趋向被主流设计否定，但是到了20世纪90年代，随着世界经济多元化发展和计算机普及，未来主义的风格在西方平面设计界又重新得到重视与应用，为平面设计提供了高度自由编排的借鉴。

3）达达主义

达达主义在艺术观念上，强调自我，反理性，认为世界没有任何规律可循，反映了高度无政府主义的思想。其最大的影响在于利用拼贴方法设计版面，用拼贴照片的方法创作插图，整个版面无规律化、自由化。达达主义注重偶然性和机会性，突破传统版式设计的原则，对当时以及以

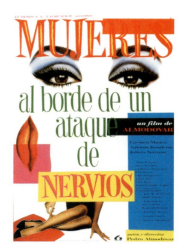 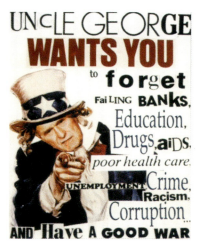 

图片来源：*300%SPANISH DESIGN*

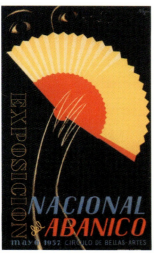
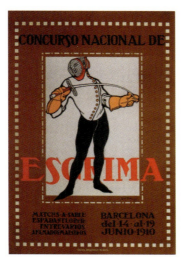

图片来源：*300%SPANISH DESIGN*

后的设计师产生了巨大的影响。

4）超现实主义

由于第一次世界大战后人们普遍对社会产生一种悲观和茫然的情绪，因而出现虚无主义思想。超现实主义即是在这样的背景下在欧洲出现的另一个重要的现代主义艺术运动，其艺术创作的核心是表述艺术家自己的心理状态和思想状态。超现实主义认为社会的表象是虚伪的，认为无计划的、无设计的下意识或潜在思想动机更真实，如用写实的手法来描绘、拼合荒诞的梦境或虚无的幻觉。超现实主义对于现代平面设计的影响在于对人类意识形态和精神领域方面的探索，为对日后现代主义在观念表现上有创造性的启迪作用。

5）现代主义

现代主义的最大特点是主张理性，主张功能决定形式。它反对烦琐，提倡简洁。现代主义在版面上运用简单图形、无装饰线体，将数学和几何学应用于平面的设计分割。在版式设计上采用简单的版面编排风格，采用无装饰字体。它认为平面设计的主要功能是进行准确的视觉传达。俄国构成主义、荷兰的风格派和德国的包豪斯构成了现代主义设计的三大核心。它们从根本上改变了版式设计的发展方向，开创了新的设计时代。

6）国际主义

第二次世界大战使得大批欧洲设计师逃往美国、瑞士，将最新的设计思想和技术带到了这两个国家，使这两个国家的平面设计得到较大发展，形成了两国的现代主义设计。

瑞士的一些设计家对版面中的骨骼运用进行了全面的研究，形成了其独特的编排方法。而美国的现代主义版式设计汲取了欧洲的现代主义的成果，完全放弃对称的编排，字体采用无装饰线体，大量采用摄影或象征性的图形，简明扼要，注重传达功能，并确立了所有的平面设计要素如色彩、对比、编排、字体等都是为了传达功能服务的高度功能主义的设计原则。

国际主义设计风格最先在瑞士形成。在版式设计上的特点是力图通过简单的网格结构和标准化的版面公式达到设计上的统一性。这种风格的版式设计往往采用方格网为基础，各种平面元素的排版方式基本是采用非对称的，字体采用无饰线体。

版式设计

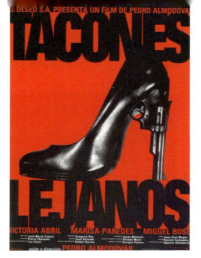

图片来源：300%SPANISH DESIGN

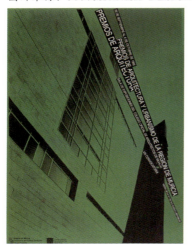

图片来源：300%SPANISH DESIGN

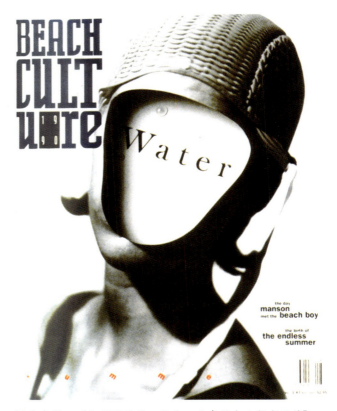

图片来源：《印刷的终结：戴维·卡森的自由版式设计》

版面效果非常公式化、标准化和规范化，具有简明而准确的视觉特点。这对于国际化的传达目的来说是非常有利的。国际主义设计风格是20世纪最具代表性和影响力的，它奠定了当代版面编排风格的基础。

7）后现代主义

后现代主义是对现代主义的一个改良，方法上主要是把装饰的、民族的、地域性的内容加到设计上，主张以装饰的手法来传达视觉上的丰富，而不是以单调的功能主义为中心。随着计算机技术、数码技术和信息媒体的迅猛发展，人们的生活方式和生产方式发生了巨大的改变，计算机的普及使人们从繁重的体力劳动中解脱出来，大大方便了平面设计工作。排版、图形处理、文件扫描刻录，这一切因为数码科技而发生了革命性的变化，使平面设计进入了前所未有的崭新阶段。加上网络媒体的出现，使平面设计从二维到三维、从静止到动态，拉开了平面设计发展新的一幕。

纵观版式设计的发展和各个时期的流派特征，作为21世纪的设计师应该在学习了历史之后，结合当代社会的审美倾向，设计出既符合现代潮流，又反映未来趋势的版式。任何艺术设计都不能脱离历史而存在，学习版式设计的历史流派和风格同样十分重要。

学习了版式设计的各种风格，将对我们今后的设计起到宏观的指导作用，为今后的设计指明了方向。

第二节　版式设计的特点及计算机应用对版式设计的影响

1．版式设计的特点

版式设计是一种视觉再创造行为，具有很强的流行性。随着时代的发展、全球经济一体化带来的国际大融合和文化冲击。版式设计的风格、形式、手法、理念等也形成了新格局、新概念。其具体特点可以归纳为以下几点。

1）以设计创意为先导

在版式设计过程中，设计师勇于打破传统的设计模式，将丰富而赋有灵感的形象构思与严谨周密的理性思维相结合。在平常中发现不平常，突破传统思维模式，勇于开拓创新，不拘泥于条条框框，创造出全新理念的版式视觉。创意在版面构成中占有十分重要的位置，在版式设计的表现方式上，将设计形式与主题内容紧密联系起来。

2）突出信息传达的主题

当今社会，在各种媒介载体的运用上，版式设计只是手段，传达信息是其核心所在。好的版式设计是内容与形式的完美结合，能使受众在准确获得信息的同时能够在心理上获得美的享受。

3）直观易懂、形式多样

在信息泛滥，媒介形式层出不穷的今天，版式设计更强调要有强烈的视觉冲击力，使大众能够在最短时间获取最有价值的信息，产生购买行为。这使得版式设计更加单纯、简洁，弱化次要信息，使所要表达的主题一目了然。

图形和文字是版式设计的重要元素，现代版式设计已经摒弃传统的栅格系统，

图片来源：*ADC*

图片来源：*2005 WORLD DESIGN ANNUAL*

版式设计

图片来源:《亚太设计年鉴》

无论图形还是文字都以独特的表现获得强烈的视觉感染力。图形的变化和大小成为版面形式独特性的重要因素,在字体设计上也精心创新幽默、风趣等形式,这已成为版式设计上的流行趋势。形式的多样化为版式设计注入了更多的情趣,使之进入了一个全新的境界。

4)追求情趣性和个性化

现代版式设计改变了过去强硬说教的语气和死板严肃的画面氛围,更加注重视觉语言的亲和力、情趣性、艺术性和娱乐性,带给人们放松的心情,使人们更容易接受版式设计所要传达的内容。充满情趣的版式设计使人们在感情上更能产生共鸣,更能吸引人们的注意。

个性化版式设计是相对于古典版式设计和网格设计而言的。首先,它打破了古典版式设计中版心、天头、地角的束缚。并将传统的骨骼版面解构再重新进行组合,营造一种版心无疆界的形式,使视觉元素能随意地出现在版面的任何地方。其次,它把文字、插图等视觉要素重叠拼凑、毫无逻辑地进行编排,倡导一种随意性的局面。再次,自由版式非常重视形式的表现,有时把正文、插图、标题等作为装饰版面的要素,弱化了其信息传达功能,以此来强调版面的视觉效果。

自由版式设计创造的这种参差不齐、杂乱无章的版面形式,给人们带来了新奇的视觉体验,并成为当今版面编排设计的一种潮流趋势。信息社会,多元化发展已成为趋势,编排设计师要紧跟时代,拓宽自己的视野,伸展艺术触角,把握时代的脉搏,努力开创编排设计的新局面。

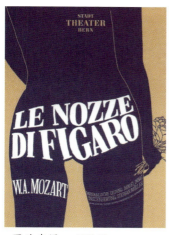
图片来源：*AREA2*

图片来源：*AREA2*

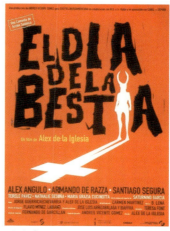
图片来源：*300%SPANISH DESIGN*

第二章 版式设计的起源与发展

图片来源：《亚太设计年鉴》

图片来源：《印刷的终结：戴维·卡森的自由版式设计》

图片来源：*AREA2*

版式设计

图片来源：*ADC*

图片来源：*AREA2*

图片来源：*ANATOMY*

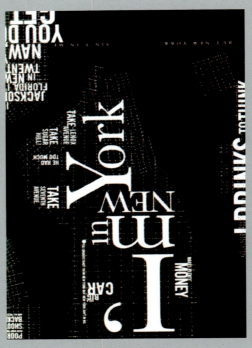

图片来源：*GRAPHIC DESIGN*

2．计算机应用对版式设计的影响

自20世纪80年代以来，计算机的广泛应用改变了平面设计工作的现状，使设计师从繁重的手工制作中解脱出来。借助计算机辅助设计可以轻松完成各种版式设计工作，并能运用更加复杂的表现形式。

计算机里面的字库、方便快捷的版面编排软件及图片和文字处理软件，极大地方便了设计师的设计，大大提高了设计师的工作效率。另外，计算机设计作品易于保存和修改的特点，更符合现代商业社会快节奏的生活步伐。计算机的运用使各种视觉要素的组合产生了更多的可能性，文字和图形在编排上也更加多样性。计算机可以将各种图形进行修改，做成各种特效，产生摄影无法达到的超现实环境。计算机将设计带入了一个新的纪元，计算机辅助设计带给版式设计无尽的空间，但计算机并不能决定版式设计的一切。有些设计师把计算机看成了设计的源泉，而忽视了人自身的创意，变得过分依赖计算机制作出来的特殊效果，这样只会导致人成了计算机的奴隶。现在设计师应更注重设计观念和创意上的探索，使计算机变成表达设计师创意的工具。由于计算机有着呆板的机械感，现代设计师除了重视设计观念和创意外，还应注重设计作品的亲切感，因此某些手工痕迹也被加入设计中来。

计算机给辅助设计开创了一个新的天地，但是如何将科技和人文意识与设计理念完美结合，走出一条既有民族特色又有时代气息的设计之路，还要靠设计师自身修养和素质的提升。

当前，计算机技术已经逐渐渗透到人类生存环境的方方面面，也改变着版式设计的方式，如图形和文字，都可以在计算机中通过技术手段获得全新的效果。在版式设计中，运用计算机进行编排可以大大节省时间和劳动量，使得版式编排更加精确、有效和快速。

计算机这一新的设计工具所产生的冲击彻底改变了人们的文化和生活，版式设计也会因计算机的辅助设计经历深刻的变化。但其为人类服务的本质将会保持不变。利用最先进的科学技术，可以使设计师依靠自身的艺术修养和科学技术，保持敏锐的觉察力和艺术设计能力，在未来的世界中更好地满足人们追求时尚、追求科学的心理需求，使人类走向繁荣。

图片来源：GRAPHIC DESIGN IN JAPAN 2005

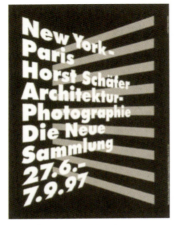  

图片来源：ANATOMY　　　　图片来源：ZOOM IN ZOOM OUT　　　　图片来源：GRAPHIC DESIGN

图片来源：GRAPHIC DESIGN

练习：收集自己认为有特色的版式设计作品，加以分析，并尝试设计个人推广手册的封面。

第三章 版式设计的形式法则与视觉要素

学习目标：在设计版式的过程中要遵循一定的形式法则。通过对形式法则理论的学习，为版式设计的实践打基础。视觉要素是构成版式设计的重要因素。通过学习让学生能够运用设计要素和形式美法则进行版式设计。

教学要求：利用具体的图例讲解版式设计的各种形式法则分解三个视觉元素在不同境况下的视觉感知。

版式设计的过程是创造新的视觉感知追求艺术审美的过程。在现实生活中，人们对于美的东西充满了好奇和向往。人们穿的服饰不仅是为了取暖，还有更多美化自身的成分在里面；城市建筑的价值不仅在于它的使用功能，还在于装饰和美化的作用。优秀的版式设计师应该在掌握版式设计的形式美法则的基础上，运用自己的创意来编排各种版式设计要素。使版面在艺术和功能上完美地结合，达到销售商品、传达信息、创造美感的目的。

第一节 版式设计的形式法则

创新视觉必须遵循美的形式法则，这样才能带给人们美的享受，版式设计自然也要体现形式美感和法则。这些美的形式规律各有各的特点，但是在同一个画面中又可以同时存在、相辅相成、互为补充。

1. 对比与调和

使版面避免平庸的有效手法之一就是对比，对比是将各种要素进行互相比较，产生强烈的视觉效果。在版面设计中，字与字、图形与图形、色彩与色彩之间都存在着对比。版面中体现出来的大与小、粗与细、疏与密、虚与实以及色彩属性的对比在同一版面中并存，能够带给人们刺激的视觉冲击感，吸引人们的注意。但是一味地运用对比会使人们感觉凌乱，所以设计师要在各种不同的元素中寻找调和的因素，使版面统一、稳定。在不同的元素中找到两者相似的因素，使两者具有共通性，对比中具有调和的一面，才能使版式视觉具有整体感。

对比与调和互相作用，不可分割。在版面设计中，把对比与调和同时运用，使整体上调和，局部上对比，这样画面既有变化又有统一。所以，设计师既要表现对比的差异性，又要表现版面调和的共通性。

2．对称与均衡

对称能够在人的心理上产生稳重、平衡的效果。对称的形式有以中轴线为轴心的左右对称、以水平线为基准的上下对称和以点为中心的放射对称等。对称给人稳定、庄严、整齐、安定的特点，但是过分的对称也会使人感觉死板、生硬。所以设计师往往在对称中寻求一定的变化，设计

图片来源：ADC

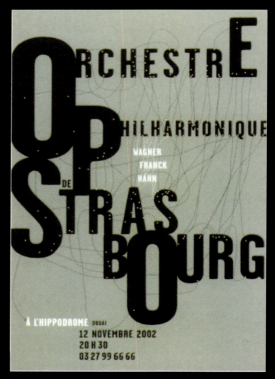

图片来源：2005 WORLD DESIGN ANNUAL

出一些对称的版式形式来反映不同的视觉效果。

均衡则像一杆秤，这种平衡是等量不等形的。均衡比对称更加灵活生动，版式设计更加富于变化，具有动中有静、静中有动的形态美。均衡需要设计师具有良好的艺术修养，能够巧妙地运用版面的布局、重心、对比等各种形式原理。

3．节奏与韵律

节奏与韵律使人们更多地联想到音乐，在版面设计中，节奏与韵律也是一种重要的表现手法和形式。节奏产生于有规律的重复。某种元素通过一定的变化，组成某种片段或阶段，体现出节奏的美感。

节奏的重复变化形成韵律。音乐、诗歌、舞蹈都能够带来优雅的韵律。在版式设计中，版面中的文字、图形、色彩通过一定组合，也能够形成某种旋律，带给人们韵律的感觉。如色彩变化产生的韵律、图形大小渐变产生的韵律、文字大小和编排的疏密节奏变化，产生了美的韵律。节奏和韵律能够给版面带来生气和活力，使读者获得愉悦的心理。

4．虚实与层次

版面中的"实"指的是编辑的文字、图形，而"虚"指的是空白空间负形，也就是版面中留白的部分和较弱的文字和色彩。在版式设计中，常常运用虚实对比、以"虚"衬"实"的手法。在版面设计中，不能只注重图形、文字而不注重空白的运用。中国传统美学非常注意"计白当黑"。在版式设计中，留白与文字、图形同样重要。在设计中要注意文字与图形的空白，字与字之间的空白，段落与段落之间的空白。通过空白，使画面被分割为几个层次和空间，使读者的阅读更有秩序。

5．变化与统一

在版面设计中，变化和统一是同时存在的。变化和统一都是形式美的总法则，合理地运用它能够使版面活泼、生动。

变化使版面具有差异，造成视觉上的跳跃。如果在整体一致的情况下，某个部位出现不一样的变化，版面就产生了特异的效果。文字图形的大小、方向、形状、色彩都能够产生变化。统一是在变化的基础上进行归纳，相对调和来说统一是更高层次的调和，具有更明显的共通性。如果版面变化过多，就会使画面杂乱，这个时候就要运用统一的手法，寻找元素之间的共同点，保持一致性。一个好的版式设计，往往是均衡、对比、调和、节奏、韵律等各种形式法则的综合运用。

版式设计

图片来源：2005 WORLD DESIGN ANNUAL

图片来源：AREA 2

图片来源：ADC

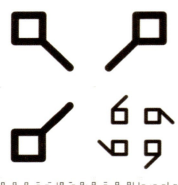

图片来源：2005 WORLD DESIGN ANNUAL

图片来源：*ADC*

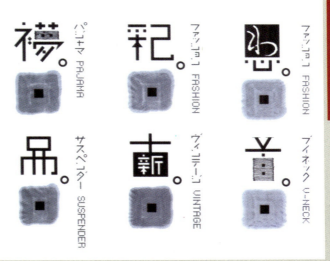

图片来源：*ANNUAL BOOK*

图片来源：*2005 WORLD DESIGN ANNUAL*

第二节　版式设计的视觉要素

　　构成版式设计的视觉要素是版式设计的基础。在开始学习平面设计时，传统的三大构成都是由最基本的构成要素创造视觉形象的。在版式设计中，文字、图形、色彩是其重要的构成元素。通过对这些元素的视觉感知、心理、信息传达的分析，再加入组合、构成的设计方法，能够使画面呈现不同的艺术效果，给受众带来不同的心理感受和视觉感受。一个好的版式设计能够将这些视觉元素合理运用出来，既能准确地传达主题，又能够获得受众的认同。

　　文字是所有版面的核心，它不仅能够准确地传达信息，而且作为一种图形符号，还具有审美功能。经过精心处理的文字，可以营造很好的版面效果。特别是文字较多的报纸、书籍、杂志等，通过文字大小、疏密的排列给人一种阅读的舒适感。因此单一文字及成段文字块的大小、数量、方位等，就成为版面编排中需要着重处理的细节了，文字的编排组织对版式设计具有重要意义。

1．文字

文字是版面中重要的组成元素，文字能够传达比图形更加准确的信息。文字在设计处理后不仅能够阅读，还能够表达一种审美情趣。通过对文字大小、疏密和字体的排列、组合设计，能够使文字居多的报纸、杂志、书籍没有拥挤感，从而使读者阅读更加舒适。优秀的版式设计人员往往在文字的大小、数量、方向等方面有着严谨的研究，而不是随意地摆放。文字的编排组织对版面具有重要的意义。

字体就是文字的风格样式，不同的字体具有不同的风格特征。版面设计中字体设计首要的问题就是文字字体的选用。每一种字体都有自身的视觉特征，传达着不同的情感，字体的选择不是任意的，而是要根据所要传递的主题确定。表达传统意义的主题时，宋体、隶书比较适合；表达严肃、庄重的主题时，黑体、综艺体比较合适；表达现代感主题时，广告体、中等线体等字体就比较合适。字体选用的原则就是字体的风格要和主题内容一致，整个版面的风格也要一致。有些设计作品里面几种不同的字体同时运用时，容易造成画面杂乱无章的感觉。一般情况下，在版式编排设计时，字体的选择不宜过多。不同的字体要注意相互区别和相互协调。把字体创新作为艺术表现展开的原动力，将字体的意与形双重功能契合，不仅传达内部信息，还表达另一种审美情趣，这已逐步成为如今版面设计的一大趋势。

1）文字的种类

（1）中文字体：计算机的应用，使字体书写变得方便，许多字库使设计师在版式设计时有不同的选择。现在比较常用的字库是方正字库、文鼎、汉仪等字库。有很多机构都在专门从事字体的开发，每年也有许多字体设计的大奖赛。计算机字库丰富了当今的版式设计，并具有强烈的时代特征。以前比较常见的字体是中国自古延续下来的字体，如宋体、隶书等。现

方正彩云简体

神奇的版式设计

方正古隶简体

神奇的版式设计

方正琥珀简体

神奇的版式设计

方正华隶简体

神奇的版式设计

方正黄草简体

神奇的版式设计

方正剪纸简体

神奇的版式设计

方正卡通简体

神奇的版式设计

方正康体简体

神奇的版式设计

方正隶变简体

神奇的版式设计

方正胖头鱼简体

神奇的版式设计

方正平和简体

神奇的版式设计

方正少儿简体

神奇的版式设计

方正启本简体

神奇的版式设计

方正瘦金书简体

神奇的版式设计

方正水柱简体

神奇的版式设计

方正铁筋隶书简体

神奇的版式设计

方正魏碑简体

神奇的版式设计

方正祥隶简体

神奇的版式设计

方正小篆体

神奇的版式设计

方正艺黑简体

神奇的版式设计

方正硬笔行书体

神奇的版式设计

方正幼线简体

神奇的版式设计

方正趙笔黑简体

神奇的版式设计

方正稚艺简体

神奇的版式设计

方正中等线简体

神奇的版式设计

方正准园简体

神奇的版式设计

方正综艺简体

神奇的版式设计

微软雅黑

神奇的版式设计

汉仪竹节体简

神奇的版式设计

汉仪雁岭体简

神奇的版式设计

汉仪秀英体简

神奇的版式设计

汉仪醒示体简

神奇的版式设计

汉仪黛玉体简

神奇的版式设计

电脑输出的中文字体

第三章 版式设计的形式法则与视觉要素

在，随着设计的多样化，更多具有流行元素的字体被设计和开发出来，大大丰富和拓展了版式设计的空间。

（2）英文字体：英文字体有历史悠久的字体，也有较多现代的字体。在字体结构上和中文字体有着本质的区别。汉字基本在一个方格里，讲究上下左右、比例结构，而英文的结构不固定、窄宽不一。因为中文和英文的差异性，所以在中英文混排的情况下，更要严格推敲、仔细分析。英文字体与汉字有着明显的视觉差异，汉字基本上构架在一个整体的方格里，而英文的结构有不同的形状，在字形设计上不可能排列在同一条直线上，如

电脑输出的英文字体

g、j、p、q和y等字母齐下方的沉降线，而b、d、f、h和k字母齐顶线，其他字母才齐上中线和下脚线。无论是大写还是小写宽窄不一，如果简单地把汉字和英文字混排在一起，很难达到美感效果，所以在中英文并用的版面设计中，要严格推敲、仔细分析才可达到预期的视觉效果。英文字母仅26个，但字体种类很多，至少有百余种。

（3）创意字体：计算机印刷字体的大量应用带给人们缺乏个性的感觉，导致设计的千篇一律，在这种情况下，设计师需要根据主题设计出具有个性风格的创意字体。创意字体使设计具有独特性和唯一性的特点，更能够吸引人们的注意力，带给人耳目一新的感觉，从而更容易被记住。

2）字号

版面中的字号指的是字体的大小。一般计算机软件里面都有字号的设定，各种应用软件的单位设定也不一样。在计算机排版系统中一般用"P"来计算字体字号的大小。"P"就是"点"，也称为"磅"。

3）字距与行距

字距与行距的关系是由字体的点数而定的。字距与行距的大小直接影响版面的视觉效果。一个版面的疏密和字距与行距有着密不可分的关系。一

分离式：是将文字一个一个地分离开来，现代广告设计中常采用这种手法，这种排法特别引人注目。

平面设计师这个职业是要立足于平常的生活，然后在这个基础上往前走一步，再回过头来凝视生活。

竖　式：　　　　齐头散尾：

设计师职业是要立足于平常的生活，
然后在这个基础上往前走一步，
再回过头来凝视生活。

散头齐尾：

设计师职业是要立足于平常的生活，
　然后在这个基础上往前走一步，
　　再回过头来凝视生活。

一般来说，行距要大于字距，常规比例是8：10，即所用字号为8点则行距为10点。

4）文字的编排形式

文字编排多种多样，早期的书籍杂志只有横式和竖式两种，随着人们观念的更新和时代的发展，文字编排的形式也呈现多样化和个性化。文字编排是版式设计的一个重要组成部分，编排形式具有多样性，并且创新不断。

2．图形与图像

版式设计中的图形和图像具有直观强烈的视觉效果，视觉冲击力更强。现代社会进入了"读图时代"，一幅好的图片胜过千言万语。好的图片使读者不是停留在抽象化的意识中，而是能够实实在在地感受和理解。所以，图形和图像给人的感觉更加真实、具体和立体。版式设计中的

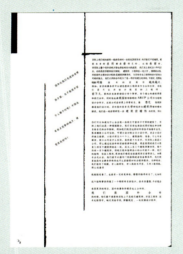

图片来源：艺众

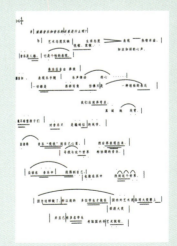

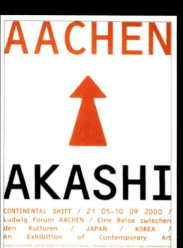

图1 图片来源：*2005 WORLD DESIGN ANNUAL*
图2 图片来源：*ADC*
图3 图片来源：*ADC*
图4 图片来源：*AREA 2*
图5 图片来源：*AREA 2*

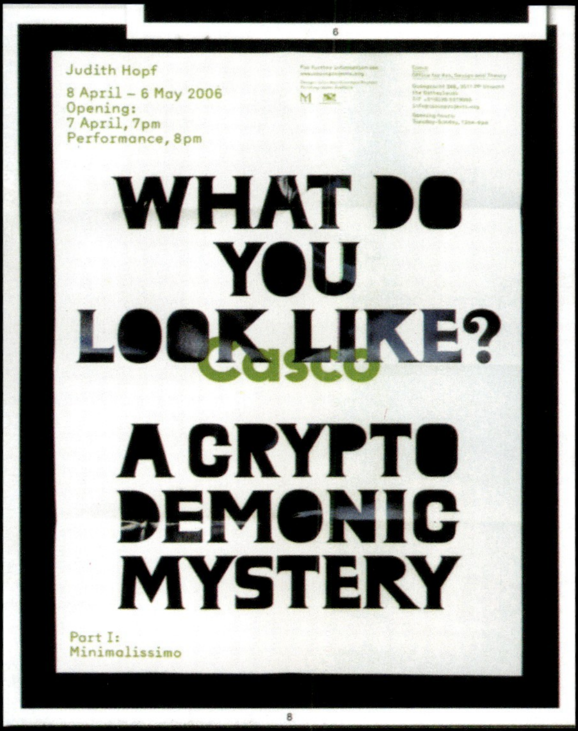

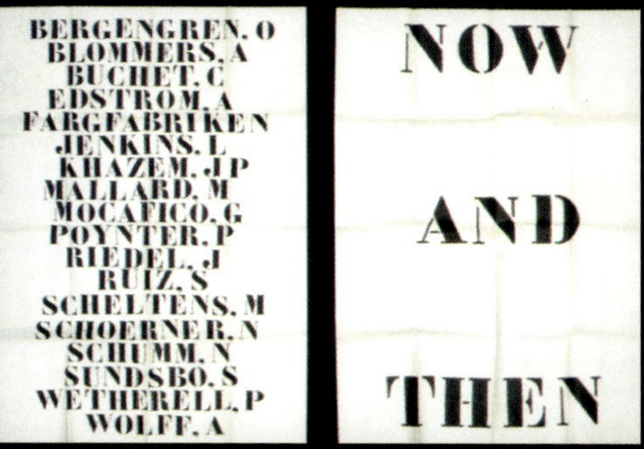

第三章 版式设计的形式法则与视觉要素

31

版式设计

图形和图像在编排视觉上具有直观性的特点，能起到吸引视觉及帮助受众理解信息的作用，更可以使版面立体和真实。在版面设计中形成了独特的性格并成为编排要素的重要元素。

1）图形

图形就是除照片以外的一切图和形，在平面构成的学习中，对于形的创造已有了解。版式设计中影响版式效果的图形因素有图形的形状、数量面积和位置。

（1）图形的编排：图形的编排就是图形的处理，是版式设计师根据版面整体效果和主题思想来安排图形的手段。

（2）图形的形状：图形的形状分为规则形和不规则形。规则形简洁和单纯，给人感觉版面整齐和稳定；不规则形给人感觉活泼和生动，但是运用不好容易造成凌乱的感觉。

（3）图形的数量和面积：图形的数量直接影响读者的兴趣，一般学术性、文学性的刊物图形较少；娱乐性、新闻性的刊物图形较多。图形的数量并不是越多越好或者越少越好，应该根据版物的内容来安排。

图形的面积影响读者阅读的顺序，越大的图形越能吸引人的注意。图形的大小可以根据信息的主次关系来安排。

（4）图形的位置：图形的位置会影响版面的构图格局，图形不同位置的编排直接影响版面的视觉效果。

（5）图形的特征：了解图形的特征能够使设计师在设计的时候根据不同内容选择不同图形，从而使内容和形式更加统一。

图形的主要特征有以下几种：夸张性、简洁性、符号性、具象性和抽象性。

① 图形的夸张性，夸张是把对象中的特点进行明显的夸大，是一种突破平庸、引人注意的手法。在版式设计中设计师借助想象，充分扩大事物的特征，带给读者

图片来源：GRAPHIC DESIGN

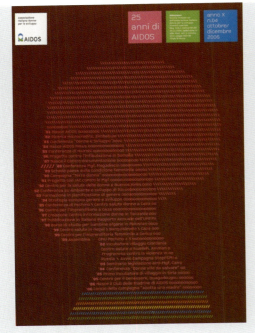

图片来源：AREA2

32

新的视觉冲击力,不但能加快信息传达时效,而且能给版面增添无穷乐趣。

夸张的表现手法源于图案设计,它将对象中的特点进行明显的夸大,并借助想象充分扩大事物的特征,营造新的视觉效果,从而加速信息传达的时效。

夸张是设计师常借用的一种表现手法,在版面设计中图形的夸张能够给读者带来视觉冲击力,同时给版面增添无穷乐趣,使之更富于特色,耐人寻味。

② 图形的简洁性,简洁的图形往往比复杂的图形传达信息更快,更能够鲜明地突出主题。简洁不是简单,而是一种更高级的提炼和概括。简洁的图形能够鲜明地突出主题,使受众能在第一时间内获取信息,这种形式体现出了视觉的最佳效果,但要注意把握好图形的位置和方向的摆放。否则,不但突出不了重点,反而会误导受众。

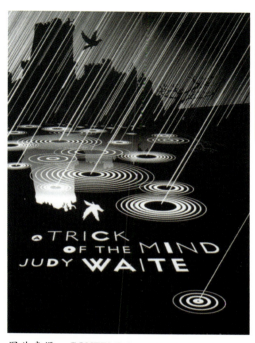

图片来源:*CONTEMPORARY GRAPHIC DESIGN*

图片来源:*ADC*

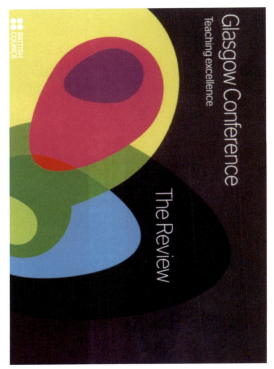

图片来源：CONTEMPORARY GRAPHIC DESIGN

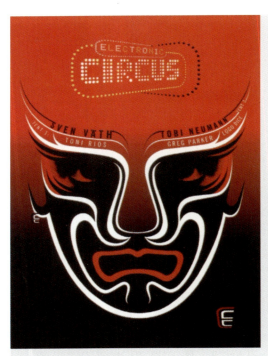

③ 图形的符号性，符号是人们把信息与某种事物相关联，通过视觉感知其代表的某些事物。符号一旦和某种事物相联系并被大众认可，就能够简单、直接而快速地传递信息。比如代表胜利的"V"，几乎不需要文字的解释，人们都能够理解其中的意义。当这种对象被公众认同时，便成为代表这个事物的图形符号。将图形符号化，就是以具体清晰的符号去表现版面内容，且因为图形符号往往与内容传达是相一致的。因此通过这类图形版式传递的信息能迅速获得受众的认同。

图片来源：ZOOM IN ZOOM OUT

④ 图形的具象性，具象性图形一般都以写实为主，它真实地反映大自然和社会中美的形态。具象性图形具有写实和装饰性相结合的特点。具象性图形最大的特点是真实地反映大自然中美的形态。该类图形以写实性与装饰性相结合，给人一种清晰、亲切生动的感觉。具象性的图形以反映事物的内涵和自身的艺术性去吸引和感染读者并使整个版面一目了然，深受读者喜爱。

图片来源：*CONTEMPORARY GRAPHIC DESIGN*

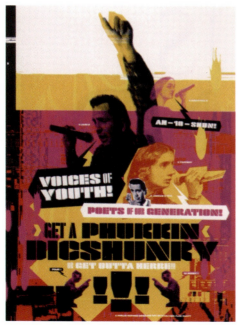

图片来源：*GRAPHIC DESIGN*

图片来源：*ZOOM IN ZOOM OUT*

图片来源：ADC

⑤ 图形的抽象性，抽象性图形是运用点、线、面和圆、方、三角形及其他不规则的几何形等来构成的，是规律的概括与提炼。抽象性图形简洁、时尚，富有现代美感。抽象性图形是利用有限的形式语言营造空间意境并通过隐喻或联想来表达主题，让读者发挥想象力去体味。这种富有现代感的抽象性图形前景广阔，其构成的版式具有鲜明的时代特征。

2）图像

图像是视觉传达的重要元素。因其直观性的感受而被设计师广泛使用。图像根据所要传达的主题内容和版式的需求，常常在计算机中作各种各样的处理后使用，处理后图像的特效给人以丰富的联想，激发着受众的想象力。

图片来源：AREA 2

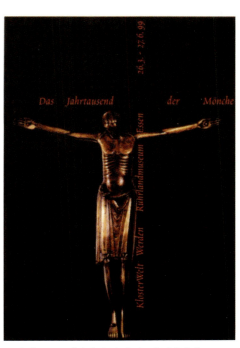

图片来源：《马韦勒斯与他的学生们》

图像与图形有一定意义上的区别，图像的照片成分更多点。图像因其直观性的感受而在编排设计中被广泛使用。

（1）合成：合成是将二幅以上的图像作渐层的重叠处理，采用图片合成可达到内容与形式的统一，并能呈现超现实的感觉或抽象的技术美感。

（2）色调的转换：计算机软件可以让设计师随心所欲地对图像进行色相、明度、纯度等色彩上的处理。如Photshop软件，具有强大的色彩处理功能，能够制作出色彩斑斓的画面效果。

（3）打散重构：将完整的图像进行打散和裁剪，根据版式需要重新编排组合，能带来不稳定的视觉感受。这种破碎的图像会被受众刻意地在意识中去重组。这样版式就具有强烈的视觉冲击力和新颖的形式感。

（4）虚实：图像的虚实处理可以使版面主次一清二楚，虚的图像部分被弱化了，不仅可以强烈地衬托主体，还能给人更多的想象。

图片来源：《乌蒂斯与他的学生们》

图片来源：《乌韦勒斯与他的学生们》

图片来源：ANATOMY

图片来源：ANATOMY

图片来源：CONTEMPORARY GRAPHIC DESIGN

图片来源：GRAPHIC DESIGN

3．色彩

色彩在版式设计中具有很重要的作用，在色彩构成中，色彩的三个要素：色相、明度、纯度及色彩的对比、调和和色彩的情感、肌理等内容，都是色彩在视觉上的体现。在编排的过程中，这些知识也都要综合地运用于编排之中。色彩通过作用于人的心理给人强烈的视觉感觉，色彩的多样性决定了色彩的复杂度。因此，需要大量的实践才能逐步提高运用色彩进行编排的能力。在进入美术与设计的初级阶段，我们就从教师和书本中掌握了有关色彩的知识，这里我们仅略谈一下色彩。

1）色彩的基本性质

色相、明度和纯度是色彩的三大属性，同时由于色彩对人们的心理有较强烈和直接的影响，所以色彩还具有象征性、联想性、情感性的感性识别特征。

色相是指色彩的相貌，是不同色彩种类的名称。不同的色相给受众不同的视觉感受。尤其是色彩的冷暖常常是画面主要的表现要素。明度是指色彩的明暗深浅程度，明度的变化也能给人不同的心理感受。纯度指颜色的纯净程度，在编排设计中，高纯度与低纯度是调节画面色彩关系

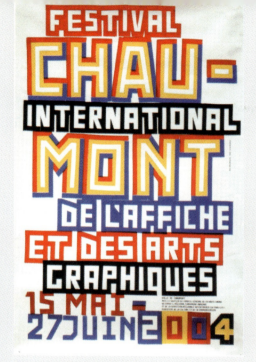

图片来源:*AREA 2*

图片来源:*ANNUAL BOOK*

的重要手段。

2）版式设计中色彩的运用

在版式设计中，为了获得视觉上的整体协调，会根据视觉传达的需要选择一种主色，并依据主色来选用其他辅助的色彩。

3）主色调

不同的主题内容需要不同的色彩来表达，因此，版式设计中的主色与传达的主题内容具有关联性，它是根据色彩的感性特征来选择的。主色调确定后，可以使设计传达更准确、更有效。

4）辅助色

辅助色的使用能够产生视觉的层次感，避免视觉上的单调。但在版式设计中，不宜过多地使用辅助色，否则就容易造成花哨的感觉，使人的视线无法集中，给人一种散乱的视觉效果，一般辅助色以二到三套为宜。

图片来源:*CONTEMPORARY GRAPHIC DESIGN*

39

图片来源：*2005 WORLD DESIGN ANNUAL*

图片来源：*2005 WORLD DESIGN ANNUAL*

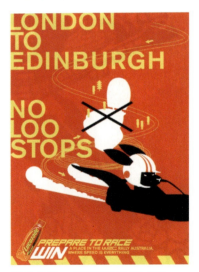

图片来源：*CONTEMPORARY GRAPHIC DESIGN*

图片来源：*ANATOMY*

练习：给自己设计一幅推介手册的封面。尝试运用不同的形式法则，组合出不同的视觉效果，体会版式设计中的各视觉要素的运用。

第四章 版式设计的视觉流程及栅格系统

学习目标： 本章主要讲述版式设计中的视觉流程以及栅格系统，了解视觉流程有利于学生在设计中建立视觉秩序感。针对不同的信息传达要求在设计上运用视觉流程来解决信息传达先后的问题，对传统栅格系统的学习有利于学生在传统网格架构的基础上创造出符合现代审美的设计作品。

教学要求： 以各种设计图例讲解视觉流程，分析视觉的趋向及信息传达的先后。栅格的学习要把常规的网格系统运用于实践，再结合不同的设计需求、视觉的时代性加以应用。

版式设计最主要的功能是有效的传递信息，因此设计师在进行版式规划设计时就要根据人的视觉规律处理好信息传达的先后与主次关系，使版面设计在满足人的视觉功能基础上引导受众视线并使其逐步接受信息。

当人们观看任何一个平面空间时，视线总有一个首先注意的地方，这就是视觉中心也就是关注的焦点。版面的视觉中心是版式设计的核心，是信息传递的主要区域。在编排时，可以利用夸张、强调、对比等设计手段来确定其位置。

第一节 版式设计的视觉流程

视觉流程是指受众接受信息时有一个先后过程。每个版面都有各自不同的视觉流程，但不论是清晰单纯，还是散乱含糊，它们都是以最大限度地满足信息传达功能为前提的。在进行编排设计时，设计师要依据主题需要，有意识地将各设计要素组织编排，让受众的视线按照设计好的线路，有顺序、有条理地阅读版面内容，以达到有秩序地传达信息的目的。

根据视觉习惯确立视觉流程是常用的一种设计方法。人们的阅读习惯一般是按照从上到下，从左至右的顺序进行的。版面的上部和左侧往往比下部和右侧更易引起关注。遵循这种视觉习惯，版面的上部一般会放置主信息，下部放置较次要的信息，左侧则放置较醒目的图形或图像。这种通过视觉习惯来引导视线的设计方法比较传统，在文献、报纸等版面编排中被广泛采用。

除此之外，版面中引导视线的方式有很多，下面是几种主要的视觉流程形式。

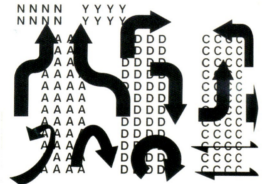

图片来源：*ADC*

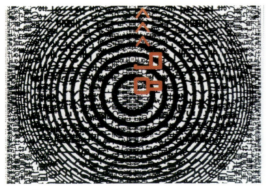

图片来源：*JAPANESE GRAPHICS NOW*

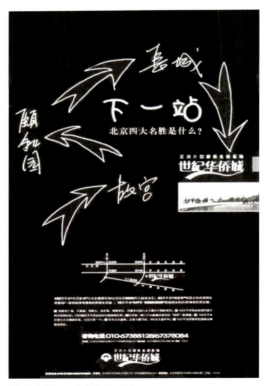

图片来源：《地产广告》

1. 单向视觉流程

单向视觉流程是指视线向某一个方向延伸，在版面中它表现为三种方向关系，分别是竖向、横向及斜向视觉流程。它们各自又产生不同的性格特征。竖向给人的感觉是坚定、肯定；横向给人的感觉是稳定、平静；斜向给人的感觉是冲击力强、动感及注目度高。单向视觉流程的版面编排结构简洁有序，有强烈的视觉效果。

第四章 版式设计的视觉流程及栅格系统

图片来源：《国际图形联展》

图片来源：《黑格曼与他的学生们》

2. 曲线视觉流程

各视觉元素以曲线的形式进行编排,给读者带来强烈的节奏韵律感和曲线美,在版面中增加深度和动感。

图片来源:《乌韦勒斯与他的学生们》

3. 反复的视觉流程

把相同或相似的视觉元素作有规律、秩序、节奏的逐次编排就能产生反复的视觉效果。反复的视觉流程运动虽然不如单向视觉流程强烈,但更富于秩序感和韵律感。

图片来源:ANATOMY

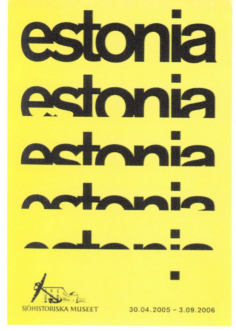
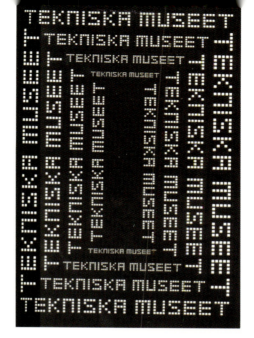

图片来源：*GRAPHIC DESIGN*

4．散构的视觉流程

版面上的图形和文字呈分散状态，其表现也无主次、无中心，这是一种随意自由的编排形式，也是非常流行的排版形式。它以反传统美学提倡的和谐统一及秩序等形式原则，注重个人的审美追求和自我设计价值的体现。散构的视觉流程使版面活泼又有朝气且富于变化，但应注意要避免杂乱和松散，保持版面感觉的统一。

图片来源：*CONTEMPORARY GRAPHIC DESIGN*

图片来源：ANATOMY

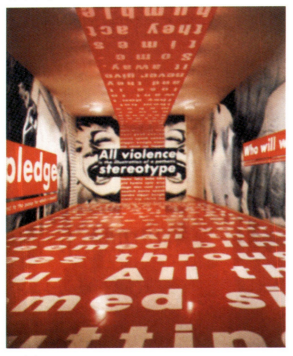

图片来源：Abc

5．导向的视觉流程

版面编排的导向有文字导向、色彩导向、视线导向、线条导向等，通过这些导向元素能引导受众的视线向版面的目标诉求点运动。这种版式的特点是导向元素脉络清晰，条理性和逻辑性强，目标视点明晰，其视点往往成为版面编排的重心。

第四章 版式设计的视觉流程及栅格系统

图片来源：《华西莱文斯基与他的学生们》

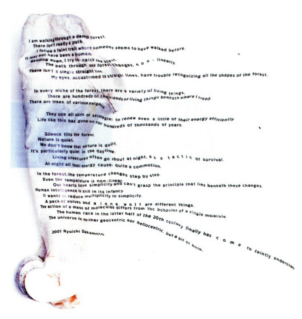
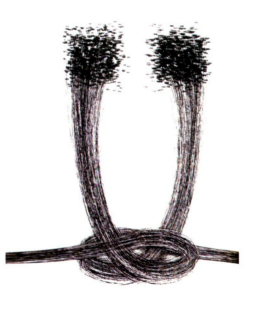

图片来源：TOKYO ART DIRECTORS CLUB 图片来源：JAFANESE GRAPHICS NOW

47

第二节　版式设计的栅格系统

1. 版式设计的栅格系统概述

栅格是将设计的页面分成一个个小方格或单元，这样做的好处是让版面规整有序，避免凌乱。在进行版式设计时，面对大堆需要排版的信息往往会束手无策，不知道该把哪条信息放在哪个适当的位置。了解栅格系统有助于我们从整体入手，暂时抛开细枝末节，建立版面的大框架。

栅格中的单元格往往是根据设计内容而定的，内容越多，单元格越多，并且根据内容的主次、多少来限定单元格的大小和位置。

在拿到需要编排的文字和图形时，第一件事情是要清楚最想让读者看到什么、知道什么，然后在网格中的单元格中填入适当的文字和图片，需要强调的是适当调整单元格的大小和位置。

栅格系统能够决定版面是否零散或者整齐，还可以确定版面上的文字和图片的比例，使阅读产生有序的节奏感。

设计师将版式设计的视觉元素，如正文、插图、大标题、小标题、页码和边注按照设计中的艺术原则进行编排组织。并将这种格式运用到系列设计或多页排版中，这种统一分割版面的格式称为栅格系统。

设计师莫霍利·纳吉开创了版式设计栅格系统的早期应用。他把书籍的版面用线条进行分割，再把图形、文字根据需要编排进分割的空间里。第二次世界大战后，瑞士的设计师发展并完善了莫霍利·纳吉的栅格应用。由于栅格系统的规范性，对整个国际交流起到了积极的作用，所以栅格系统发展的快速和广泛，最终形成了比较标准化的版式栅格系统。

栅格系统的应用与现代信息大量传播的趋势相适应，因此在平面设计中得到了广泛的发展，使平面设计在视觉效果上更具统一性和完整性。

我们来看看栅格是怎样的吧！如下图所示，首先，版面四周要留出页边，采用1磅的线条；然后，把版面按一定比例等分，使其成为一列一列的、互相不受影响，注意每个单元格之间也有一条空白的分隔带。

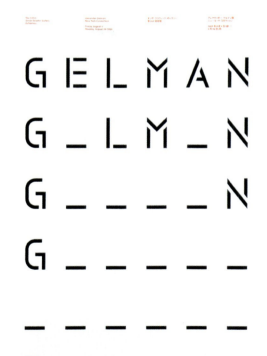

图片来源：*ANNUAL BOOK*

2．版式设计的栅格系统

栅格系统被广泛运用于书籍、杂志、报纸、网页中，由于栅格系统将版面划分为不同的功能区，所以版面看上去更加有条理和次序。

栅格系统需要注意以下几点。

1）确定栅格系统的类型和风格

不同的读物有不同的版面要求，这就需要运用不同的栅格系统。设计师应该根据设计主题和创意的需要来安排栅格系统的类型和风格。如新闻刊物就要求细密的栅格；儿童读物的栅格应该宽松，应以图片为主；时尚类的读物要注意栅格的变化和多样性。

版式设计

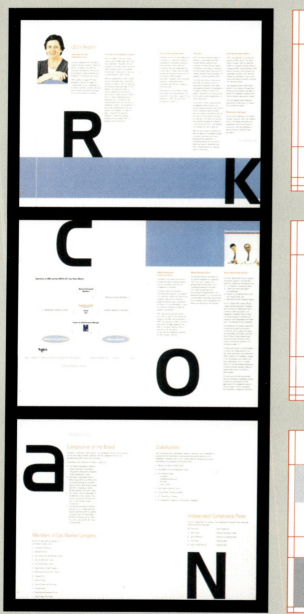
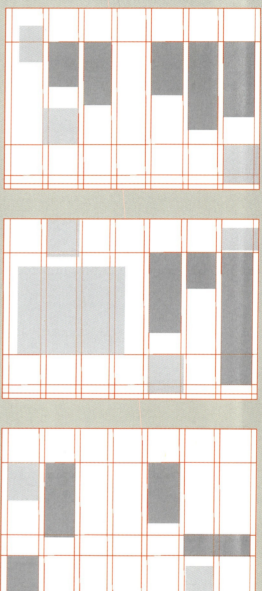

版式设计中栅格的具体体现

图片来源：*CLASSICS OF FORMAT*

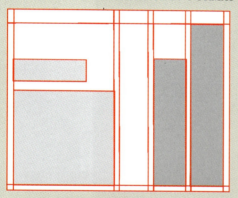
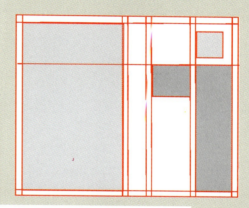

图片来源：*CLASSICS OF FORMAT*

第四章　版式设计的视觉流程及栅格系统

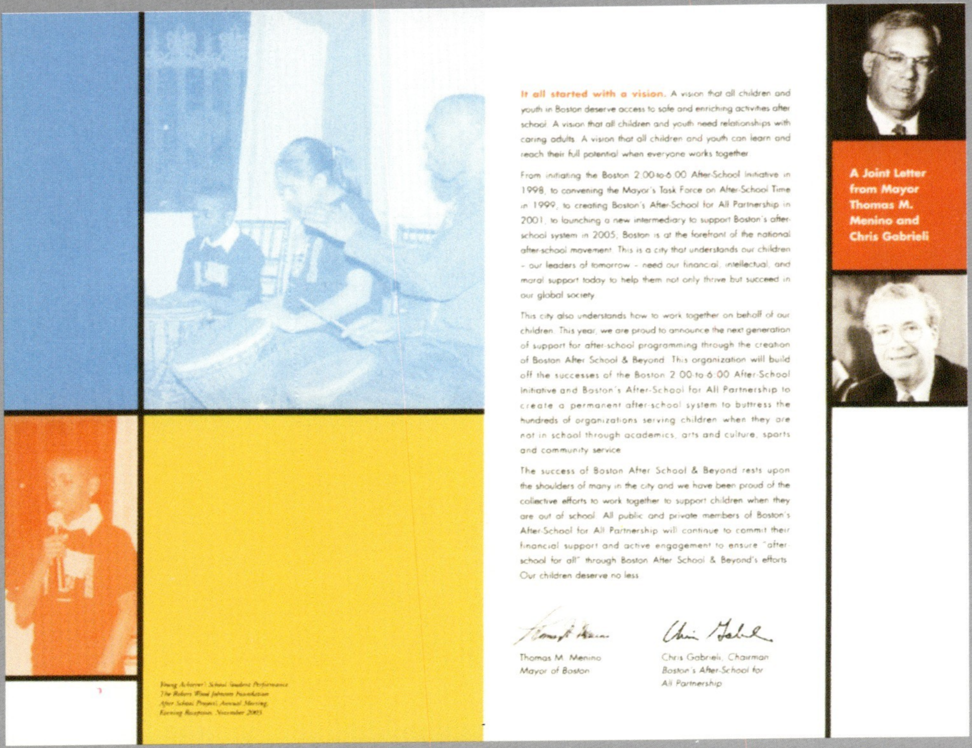

It all started with a vision. A vision that all children and youth in Boston deserve access to safe and enriching activities after school. A vision that all children and youth need relationships with caring adults. A vision that all children and youth can learn and reach their full potential when everyone works together.

From initiating the Boston 2:00-to-6:00 After-School Initiative in 1998, to convening the Mayor's Task Force on After-School Time in 1999, to creating Boston's After-School for All Partnership in 2001, to launching a new intermediary to support Boston's after-school system in 2005, Boston is at the forefront of the national after-school movement. This is a city that understands our children – our leaders of tomorrow – need our financial, intellectual, and moral support today to help them not only thrive but succeed in our global society.

This city also understands how to work together on behalf of our children. This year, we are proud to announce the next generation of support for after-school programming through the creation of Boston After School & Beyond. This organization will build off the successes of the Boston 2:00-to-6:00 After-School Initiative and Boston's After-School for All Partnership to create a permanent after-school system to buttress the hundreds of organizations serving children when they are not in school through academics, arts and culture, sports and community service.

The success of Boston After School & Beyond rests upon the shoulders of many in the city and we have been proud of the collective efforts to work together to support children when they are out of school. All public and private members of Boston's After-School for All Partnership will continue to commit their financial support and active engagement to ensure "after school for all" through Boston After School & Beyond's efforts. Our children deserve no less.

Thomas M. Menino
Mayor of Boston

Chris Gabrieli, Chairman
Boston's After-School for All Partnership

A Joint Letter from Mayor Thomas M. Menino and Chris Gabrieli

图片来源：*CLASSICS OF FORMAT*

Boston's After-School for All Partnership: Working in Concert

Launched in 2001, Boston's After-School for All Partnership is the largest public/private partnership devoted to children's issues in Boston's history. Created in response to recommendations from Mayor Thomas M. Menino's Task Force on After-School Time, community leaders formed the Partnership to work in concert to:

- understand better the needs of the field through data collection and research
- provide critical financial resources to diverse after-school programs
- pilot new approaches to more effectively reach children when they are not in school
- create a permanent and resilient system to support after-school providers and the field

Committing $26.1 million of new investments to the after-school sector over a five-year period, the Partnership focused on three goals: to expand access, to increase learning opportunities, and to support efforts to financially sustain the after-school field in Boston.

THE PARTNERS ARE:

Mayor Thomas M. Menino, City of Boston
Bank of America, Trustee of the L.G. Balfour Foundation
Bank of America Charitable Foundation (successor to the FleetBoston Financial Foundation)
The Barr Foundation
The Boston Foundation
Harvard University
The Hyams Foundation, Inc.
Liberty Mutual Group
Massachusetts 2020
Nellie Mae Education Foundation
New Profit Inc.
The Robert Wood Johnson Foundation
United Way of Massachusetts Bay
Verizon Foundation
The Yawkey Foundation II

The percentage of children in Boston participating in after-school programs has nearly doubled since 1998!

The Partnership's Three Goals

EXPANSION To expand the availability of quality after-school and summer programs to serve an additional 5,000 low-income children in Boston.

LEARNING To help improve the academic achievement and positive development of children by supporting after-school and summer providers in their efforts to integrate high-impact learning activities into their programs.

SUSTAINABLE FINANCING To support efforts to put in place sustainable, significantly increased streams of public revenue to fund a system of quality after-school and summer programs in Boston.

In the last three years, the Partnership has invested $24.4 million in Boston's after-school field.

Partnership Successes: A Three-Year Snapshot

Since 2001, the Partnership has made tremendous strides to strengthen Boston's after-school sector by understanding and supporting the field, building networks, learning through innovation, and investing in the future.

UNDERSTANDING THE FIELD

To better support the field, the Partnership first set out to understand the field through various research projects. Since 2001, the Partnership surveyed youth, parents, and after-school providers to find out what youth wanted in after-school programs, to determine the demand for after-school programming, and to discover how providers were positioned to meet this demand. The Partnership's data collection and research efforts found great support for after-school programs from parents and youth and that a majority of children participate in one or more after-school activity. It was further found that a majority of parents want and support after-school programming for their children and feel funding should not be cut for these programs, even in tight fiscal times. It was discovered that the field continues to grow despite a complex economic climate. To deepen its understanding of the field, the Partnership will make ongoing commitments to research and knowledge creation to help providers, intermediaries, and donors better serve Boston's children and to support families in their out-of-school hours.

SUPPORTING THE FIELD

In the last three years, the Partnership has provided $24.4 million to hundreds of organizations through its direct grantmaking and pooled funding activities. This large-scale investment in after-school programming has provided community-based, faith-based, and school-sited programs the necessary operating resources to serve thousands of children in all neighborhoods of the city.

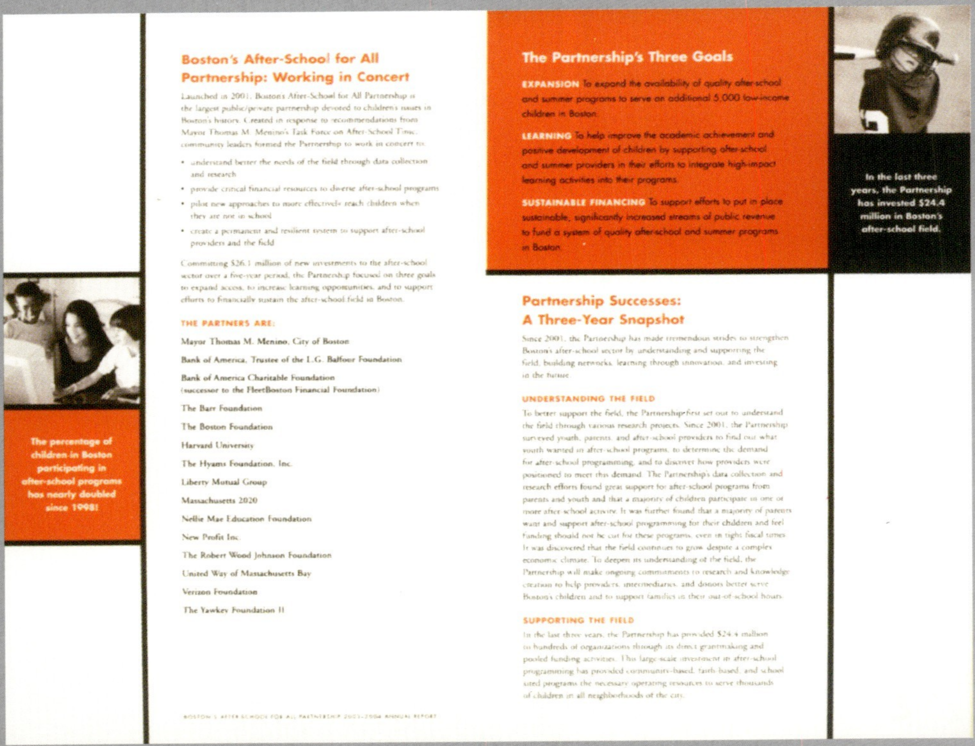

图片来源：*CLASSICS OF FORMAT*

2）确定版心

版心是图片和文字在版面中占的位置和面积。设计师在安排版心时要根据设计对象的内容、体裁、阅读效果、成本、开本大小等诸多因素进行考虑。

3）确定栏的数量

一般版面中的通栏指版面上的竖栏，它主要是设置文字和图形的位置，是栅格系统各个部分展开的基础。栅格系统中还有横栏，也是设计师需要掌握的一部分。文字的长

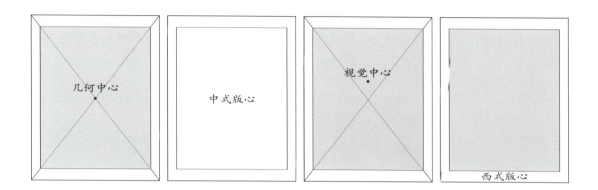

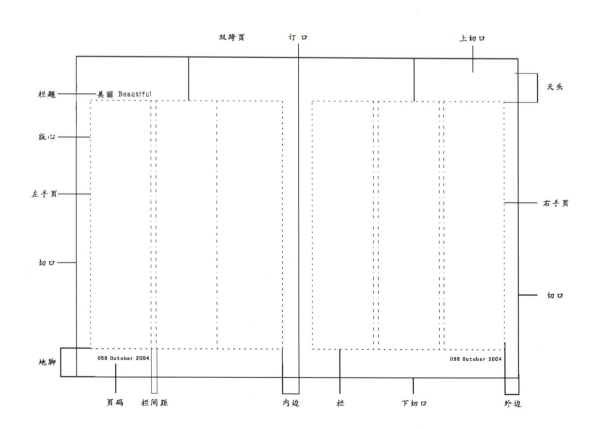

度直接影响竖栏的大小，一般情况下，文字的长度在80～163mm之间，字数在17～34个范围内是比较适合阅读的。在确定文字大小及长度后，还要考虑行距，一般行距是文字大小的二分之一或四分之三。竖栏的形式不受限制，可以是单栏、双栏或多栏的，也可以是整栏或半栏的，具有极大的灵活性。它根据设计的需要进行安排和调整。横栏确定了版面中横向方面的主要关系。横栏的大小尺寸依据具体情况的变化而变化。

4）确定标题的大小和变化

在平面设计的版面设计中，一般都有好几个标题，如主标题、副标题和小标题。还有一些设计内容有特殊的标题分类。设计师在编排版面时，要根据传达信息的次序，设计的主题思想来安排各个标题和文字的大小、排序和方向。设计师既要注意区分读者阅读各个标题的顺序，又要注意整个版面的统一性和整体性。设计师既要使各个标题富于变化，又要在标题和文字的字体、颜色上加强统一性。

图片来源：*BIG BOOK OF GRAPHIC DESIGN*

5）填入文字和确定文字字体及装饰方法

设计师在填入需要向阅读者传递的文字内容后，就要考虑用什么样的字体和装饰方法。字体并不是随意确定的，而是设计师根据设计内容和主题来确定的。不同的字体带给人的视觉感受和心理感受是截然不同的。所以设计师还要对字体设计有专门的研究。在装饰手法上应该根据字体的特点来设计，还要注意版面整体装饰手法的一致性。

第四章 版式设计的视觉流程及栅格系统

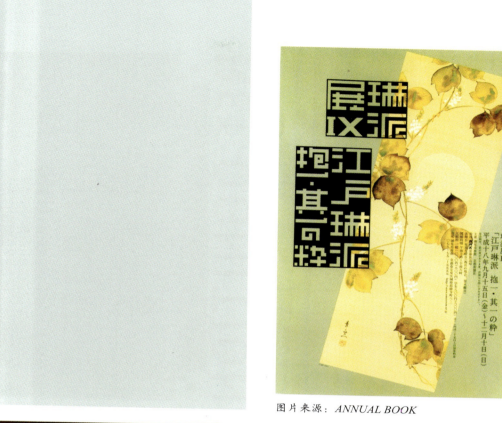

图片来源：*ANNUAL BOOK*

图片来源：*BIG BOOK OF GRAPHIC DESIGN*

版式设计

图片来源：BIG BOOK OF GRAPHIC DESIGN

图片来源：BIG BOOK OF GRAPHIC DESIGN

第四章 版式设计的视觉流程及栅格系统

图片来源：*CLASSICS OF FORMAT*

图片来源：*BIG BOOK OF GRAPHIC DESIGN*

57

图片来源：CLASSICS OF FORMAT

图片来源：CLASSICS OF FORMAT

6）填入插图和确定其位置和风格

插图在版面中起到帮助读者阅读和理解文字的作用。插图的表现形式多种多样，有照片写实式的、绘画式的，也有装饰性的。插图的表现形式要根据文字的主题来确定。插图的大小、形状直接影响版面的视觉效果。插图的位置也对人们的阅读顺序起到辅助作用。

7）确定页码的位置和大小

页码虽然在版面上所处的位置不大，但是可以起到版面之间前后呼应的作用。页码虽然很小，却不能忽视它的作用，它也是设计师需要注意的地方。

3. 栅格系统在版式设计中的运用

以设计一个报刊为例，首先，要考虑设计区域的大小和形状，需要根据报刊的内容确定是三栏还是四栏甚至是五栏，在稿纸上划分栏数以及填入直线，当然，直线代表内容的文字。这时需要对大标题和副标题进行放大，以使其醒目。对大标题和副标题的放置是要动一番脑筋的，尽量多设计几个方案。对需要的图片进行放置，画出大概摆放的位置，注意和文字的关系。在大体框架确定后，可以对标题字体进行设计，也可以把图形变成不规则形，打破版面的平庸。

58

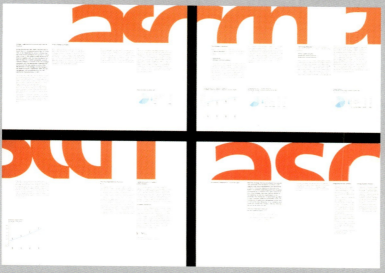

图片来源：CLASSICS OF FORMAT

图片来源：TOKYO ART DIRECTORS CLUB

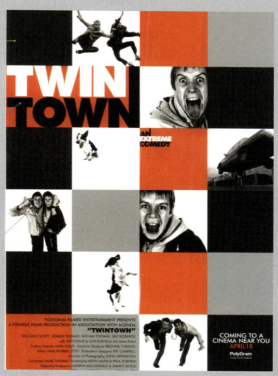

图片来源：《形式至上》

练习：设计主题海报。同一主题内容尝试运用不同的视觉流程和不同的栅格，组合出不同的视觉效果，从中感受版式编排设计所创造的丰富视觉效果。分析哪些是符合主题且具有时代性的版式。

第五章　版式设计流程与印刷

> **学习目标**：设计是一项创造性的工作，版式设计的过程是有目的、有计划创造的过程，也就是版式设计的流程。对于版式设计流程的学习能使学生在设计的时候循序渐进。
>
> **教学要求**：版式设计作品很大程度要通过印刷制作成成品，所以对印刷的材料、工艺等知识的学习能更好地增加创造能力。把版式设计流程的每一个步骤都结合具体的图例进行讲解，对于印刷知识、工艺最好安排学生下到印刷企业现场讲解。

一个作品由设计到制作成成品有一套完整的操作流程，版式设计属于流程中的一个环节，所以版式设计的操作流程不能孤立地讲解，要融入整个项目的流程之中。

第一节　版式设计的流程

版面设计的程序大致分为：印前工作阶段、印刷阶段、印后加工阶段。这里主要讲印前的设计和制作。

1. 前期准备

在开始设计之前，前期的准备工作是很有必要的。首先要收集设计项目的各种资料和数据，包括文字内容资料、视觉形象资料、印刷制作资料。其中文字内容资料指的是：设计的主题、内容及其重点；视觉形象资料指的是：插图所需要的图像资料、与题材有关的各种插图；印刷制作资料指的是：纸张、开本、印刷工艺要求、技术、成本等。

前期工作还包括调查受众群体的心理、市场动态，以及市场上同类产品的营销方式。容易被大家忽视的一点是，设计师要注意和客户沟通，了解客户的意图，不能只顾自己做出新奇的创意。好的创意是一座桥梁，沟通是建桥的基础建设。

2. 项目下单

现在的设计机构，都实行项目下单制度。在业务部门接手项目后会由项目主管部门把项目统筹安排给具体的部门，再分派到项目小组。

3. 资料收集

项目小组接到项目后，要主动地收集客户的设计需求，包括对提供的文字、图片、影像资料等进行整理，为下一步的设计做准备。其中包括文字的录入、图片的

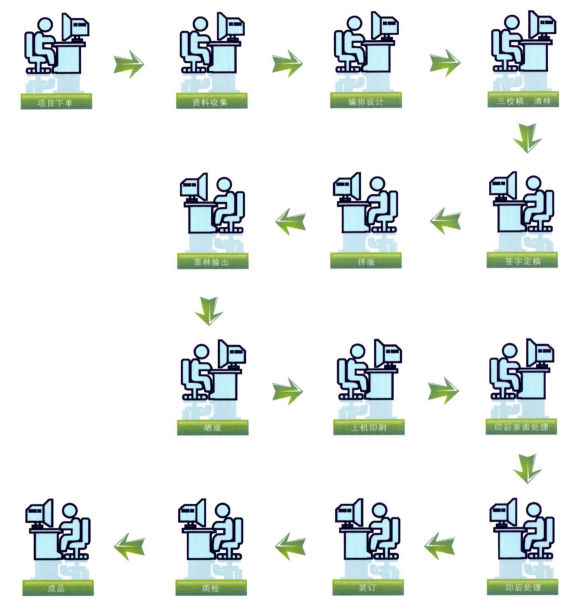

从编排设计到印刷成品流程图

扫描电分和影像的采集等。由于现在的很多企业都实行自动化无纸办公，所以大都能提供电子文本文件资料，这就省略了以往的人工录入，或者是利用扫描识别录入的工作，大大地提高了设计的时效性。

4．编排设计

在了解客户需求的前提下，当前期准备工作完成后，就可以开始下一步的设计编排工作了。版式设计是配合设计创意需求的，这里以版式设计为主，所以省略了关于设计中的一个重要环节：设计提案创意。编排的过程就是如何运用形式法则、色彩、架构把文字、图形加以构成组合形成新的视觉作品的过程。

5．校稿和清样

在作品的设计过程中，与客户沟通和反复地对文字、图片校对是非常重要的，多数作品最后都以印刷的形式形成成品，如果校对不严格，容易出现失误，造成不必要的经济损失。像报社、杂志社等都有很规范的校稿制度和方法，以尽可能地避免成品出现差错。

6．签字定稿

签字定稿是必不可少的一个环节，设计的稿件在得到客户认可后必须有客户的签字才可以开始下一步工作。

7．拼版

在计算机上进行设计制作时，为了方便设计师往往是以单页面或者拼页的形式制作的。但设计定稿后针对项目的具体要求不同，如骑马订或是线胶装、四开机还是对开机等问题，设计师必须把设计的文件进行拼版处理以应对后一步的制作要求。

拼版的印前标志工作，主要包括标志辅助线、标志出血、确定图片格式、模式及分辨率。辅助线包括角线、十字线、规线。出血一般是指在成品尺寸的基础上长宽各增加3mm的虚线。图片的格式及分辨率非常重要，如果格式和分辨率不对，将影响印刷。一般常规的印刷对图片的要求是格式为TIF、PSD、JPG等格式，模式为CMYK，分辨率300dpi。在作品送到印刷厂之前，这些基本的细节一定要处理好。

8．菲林输出

菲林输出是指客户认可了设计稿件并签字之后，在上印刷机之前把电子文件通过照排输出成菲林（胶片）的过程。现在由于印刷技术的不断革新，人们有了新的选择。新的CDP技术的应用，省掉菲林输出的环节，直接以制作CDP的形式上机印制。

整个版式设计的流程还包括后续具体的上机印刷制作、表面处理、印后处理、装订、质检等很多的工序，最终形成完整的成品。这里的版式设计流程实际上是正常情况下版式设计作品形成印刷物的过程，但版式设计针对不同的媒介、载体，设计流程和方法还是有所不同的。在本章第二节的版式设计与印刷中会讲一些具体的印刷工艺。在第六章版式设计在平面设计中的应用中会从不同的媒介出发，具体地讲解每一种媒介的特点，从中也可以领会到版式设计的应用流程。

版式设计

第二节　版式设计与印刷

在互联网络高速发展的今天，尽管电子媒体时代已经来临，但印刷产品还将会继续普遍存在，它不可能会被电子媒体所取代。在印刷业有商业类印刷和文化型书刊印刷两种类型。商业类印刷是非周期性的（如产品目录、小册子、卡片及包装等），周刊印刷生产是周期性的（如报纸、杂志、期刊等），杂志社是期刊印刷的典型客户。

俗话说：好马配好鞍。一件设计精美的衣服如果没有好的面料与之相匹配，那么再精美的衣服都是不完美的。在版式设计中，除了要根据主题来设计版面，还要选择合适的印刷工艺和印刷材料。再美观的版式设计如果印刷材料与工艺选择不当，就会影响成品的效果。完美的版式设计加上合适的印刷材料与工艺，无疑是锦上添花，使成品的档次和质量上一个新的台阶。所以，设计师既要懂设计，又要熟悉印刷工艺，还要熟悉纸张。

1. 印刷基本知识

人们对生活品质的要求越来越高，一本印刷精美的书会引发人的阅读兴趣；反

图片来源：GRAPHIC DESIGN

之，一本劣质、印刷模糊的书，人们的阅读兴趣将会大大降低。只有灵活应用印刷技巧和工艺，设计作品的质量才能够更好地体现。如果轻视技术、材料的表现力，片面强调设计的创造性，并不一定能够达到很好的表现效果。

2．有版印刷技术

有版印刷通常是指传统印刷技术，常见的有版印刷方式有平版印刷、凸版印刷、凹版印刷、丝网印刷四种。无论是何种印刷方式，都是印刷物的载体，在印刷材料的表面，信息通过油墨的部分转移所形成，即是所有信息通过图像元素（转移的油墨）和非图像元素（非油墨）来体现。下面简述常见的几种印刷方式。

1) 平版印刷

平版印刷是现代发展最快的一种印刷方式，图像与非图像在同一平面上，利用油与水不相混合的原理。让图文部位接受油墨而不接受水分，非图文部位接受水分而不接受油墨。印刷过程采用间接法，即先把图像印在橡皮滚筒上，图像由正变反，再把橡皮滚筒上的图像转印到纸面上，纸面图像便恢复为正像。

平版印刷从过去的照相分色演变到电子分色，从电子分色与手工拼版到当今全电照别版分色，现代电子技术革命为现代平版印刷带来前所未有的生机。平版印刷以其快捷、保真、精致，成为目前印刷业应用范围极广和深受人们好评的一种形式。

平版印刷适应范围很广，画册、书刊、广告校本、年历、地图等都可以采用。

2) 凸版印刷

自20世纪80年代开始，平版印刷已取代凸版印刷成为印刷主流。凸版印刷是一种以层层套印的原始工艺方式，因此已不适应现代高质量的要求。凸版印刷一千多年来作为印刷的主流地位已不存在了，甚至很难单独成为一种印刷形式完成印刷物。而平版印刷以匹色套印出自然界中数万种色彩，这是凸版印刷所不能达到的，加上现代平版印刷设备也多种多样，印刷

机有八开、六开、四开、对开机不等，也有单色、双色、四色机不等，印刷小开本、小数量便捷而成本低，并且质量远超过凸版。如此来说，凸版印刷真的已被彻底淘汰出局了吗？不是，目前印刷商利用凸版印刷的特点，已成为现代印刷的辅助而又不可缺少的工具。如利用凸版印刷的方箱机、圆印机进行烫金银、压凸、压凹、上光、过UV及成型等特殊印刷，这些特殊印刷工艺是目前平版印刷无法替代的（凸版印刷的原理见图所示）。

3）凹版印刷

凹版印刷的原理正好与凸版相反。文字与图像凹于版面之下，凹下去的部分用来填装油墨，印刷前清除凸出部分的脏物，印刷品的浓淡与凹进部位的深浅有关，深则浓、浅则淡。

凹版以印刷邮票、纸币、证券及包装品为多，它不但适用于纸张，也适用于丝绸、塑料薄膜等，但由于凹版的制版时间长，工艺比较复杂，成本也较高，故发展受到一定限制。

4）丝网印刷

丝网印刷是一种简易的印刷方式。最早的丝网印刷是利用油纸、蜡纸，现在一般是利用绢布，金属材料的丝网将图像部位镂成细孔，非图像部位以印版进行保护，印版紧贴被印物，用括版进行压印，使油墨渗入网孔的被印物上。

丝网印刷行业很难成规模，过去一般为小型加工印刷企业，且适合于批量少的印刷物。随着印刷技术的革命，丝网印刷空间越来越小，但目前大型印刷企业仍保留少量的丝网印刷作为辅助印刷，如特殊纸质的包装或协助平版印刷做一些特种印刷。丝网印刷的色彩鲜艳、饱和、厚重、易于覆盖，从这方面来看平版印刷很难达到。因此，它仍可作为一种辅助印刷方式而存在。

3．特种印刷

特种印刷种类多种多样，尽管印刷方式特殊，但目前仍离不开利用凸版、凹版、孔版等形式为基础来印制不同风格及材料的印刷品。常规的印刷一般以纸张来表现，特殊印刷可利用各种不同的材料来表现，因此制版的方法及印刷的方法也不同，如采用玻璃纸、塑胶皮、人造绢纸、金属管、铅箔等均以表现其独特的个性存在。市面上常见的一些食品包装使用玻璃纸为材料印刷，所使用的油墨必须符合适应印在玻璃纸上的特性，既要考虑油墨印在玻璃纸上的牢固性，又要考虑油墨与食品产生化学变化而对人的健康产生危害或影响食品的味道。其他诸如印刷素材的不同而连带着所需特殊的技术的生产特殊效果，如浮雕印刷、烫金印刷、压印成型以及不同材质的铁质印刷、立体印刷、软管印刷等，已越来越被平面设计师所重视而采用特殊的印刷方式来表现。

1）烫金银箔印刷

金银箔印刷也称烫金式凸印，常见的在书籍的封面包装或木板或塑胶面见到的金银及其有色金箔字体或图案，其表现方式是将所需要的图案或文字制成凹凸版（铜版或锌版），然后将制好的凹凸版放入印刷机（此印刷机一般是方箱机或圆印机），通过加热和压印的方法使其金箔纸落入印刷物上，效果奇特且永不褪色。

2）浮雕印刷

浮雕印刷，也称凹凸印刷或凹凸压印，该印刷方式主要是通过特殊的凹凸版印刷机的压力使图文部位的纸张产生凸型效果。浮雕的效果有多种情形，主要在于制版的形状产生不同浮雕质感。浮雕版分为普通型和高级型两种。普通型版一般采用锌版，其表现为平面型，适合于一般层面的凸字或图形；高级型的在凸出部分有弧凸型，这种有起伏变化的浮雕版较早均采用手工雕刻，近几年采用电子雕刻。如在一组花的图案中，须将花朵或枝杆凸显出来，须设计者有意识地在需凸出部分描绘出来。这取决于设计者对图案的结构和造型的理解，需要一定的美术设计基础，否则无法表达较好的层次与空间。在浮雕压印时，均不能忽视套规的准确性，否则，其形状和印刷部位便不可能完全吻合。该种印刷适合于贺卡、高级请柬、明信片及高级包装及画册精装填封面的印制。

3）塞路洛纸印刷

采用塞路洛纸印刷其主要是为了防湿，而且光亮，此种印刷方式主要应用于食品包装上，既非常美丽又卫生。透明纸经过印刷后予以表面处理与背面处理并使之成为塑胶薄膜，分为透明与不透明两类。透明的为透明纸熔接胶膜，不透明的又分为三种：一是金属箔熔接塑胶膜，二是纸张熔接塑胶膜，三是透明纸和金属箔同时熔接胶膜。该印刷一般采用凹版印刷方法完成，亦由于塞路洛纸是卷筒式的，故其印刷机为轮转凹印机，同时也适合大数量之印刷物，如食品、纺织品、医药品、香烟、化妆品、机械零件、水果、海

图片来源：*CONTEMPORARY GRAPHIC DESIGN*

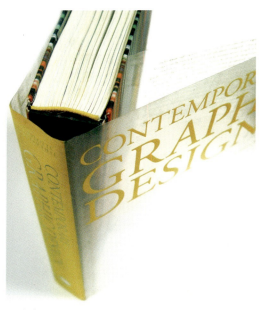

图片来源：*CONTEMPORARY GRAPHIC DESIGN*

产的包装制品等。塞路洛纸印刷除了大多采用凹版印刷之外，也有采用平版印刷式与绢纸印刷式的。

4）浮出金银粉印刷

此种印刷方法是近几年产生的一种特种印刷。主要用于商业价值较高或艺术性较强的特殊印刷品，其方法是先在需要的凸版部分印上有沾液的无色胶制的油墨，然后在印上沾胶的部位撒上有光泽的、无光泽的、金色、银色、荧光等粉末材料，使粉末即溶解在黏胶的油墨里。此种方式一般采用凸版式平版印刷，多数为手工制作，但目前已被发展成全自动化机器制作了，即由印刷到上热一贯作业方式。常用于贺卡、圣诞卡、明信片和特种包装印刷。

5）压印成型

在印刷品中常见的如弧形、圆形及不规则形，如卡通、建筑物造型等由纸变化的各种不同形状的印刷作品，这是当印刷完毕后压印成型的效果。此种压切方式是制成一个木制模型然后周围以薄型钢片刀顺其所需造型的图案围绕，再加以压切。该钢模版的制作早期均用手工绕制，近几年来均采用计算机绕制，计算机绕制比过去手工绕制要精密得多。因此，不论图形多么复杂，经计算机版绕制均可达到精密的效果。

图片来源：*AREA 2*

图片来源：*REAL DUTCH DESIGN 0607*

图片来源：ILLUSIUE

图片来源：《百战百胜》

图片来源：REAL DUTCH DESIGN 0607

第三节　版式设计的应用软件

计算机软件的飞速发展及广泛应用，给编排设计带来了便捷。在平面设计中常用的软件有Photoshop、Illustrator、Pagemaker、CorelDRAW、Freehand等。这些软件在功能上各具特色，并且它们可以相互配合起来使用。所以，无论是在平面印刷设计、多媒体设计、还是网页设计领域，大多数设计师和编辑都普遍使用这些软件来进行工作。下面分别对这些软件作简单介绍。

1．Photoshop软件

Photoshop是目前公认的最好的通用平面美术设计软件，它是专门用来进行图像处理的软件。通过它可以对图像修饰、对图形进行编辑，以及对图像的色彩进行处理，另外还有绘图和输出功能等。

在实际生活和工作中，可以将数码照相机拍摄下来的照片进行编辑和修饰；也可以将现有的图形和照片，用扫描仪扫入计算机进行加工处理；还可以把摄像机摄入的内容转移到计算机上，然后用它实现对影像的润色。总之，Photoshop可以使你的图像产生特技效果，如果和其他工具软件配合使用，还可以进行高质量的广告设计、美术创意和三维动画制作。由于Photoshop功能强大，目前正在被越来越多的图像编排、广告和形象设计以及婚纱影楼等领域广泛使用，是一个非常受欢迎的应用软件。

2．Illustrator软件

Adobe Illustrator是出版、多媒体和在线图像的工业标准矢量插画软件。无论您是生产印刷出版物的设计者和专业插画家、生产多媒体图像的艺术家，还是互联网页或在线内容的制作者，都会发现Illustrator 是一个制作艺术产品非常好工具。该软件适合生产任何小型设计以及大型的复杂项目。

作为全球最著名的图形软件Illustrator，以其强大的功能和体贴用户的界面已经占据了全球矢量编辑软件中的大部分份额。该软件不仅有强大的绘图功能还具有排版功能，同时，还可以直接与网页结合进行网页设计。在版式编排领域Illustrator是运用最广泛的软件。

3．PageMaker软件

PageMaker是出版业的首选工具之一，PageMaker提供了一套完整的工具，用来生产专业、高品质的出版刊物。它的稳定性、高品质及多变化的功能受到使用者的赞赏。PageMaker在界面上及使用上与Adobe Photoshop，Adobe Illustrator及其他Adobe的产品几乎相同，最重要的一点，在PageMaker的出版物中，置入图的方式是最好的。通过链接的方式置入图，可以确保印刷时的清晰度，这一点在彩色印刷时尤其重要。PageMaker在国外的使用者要远远多于国内。

4．CorelDRAW软件

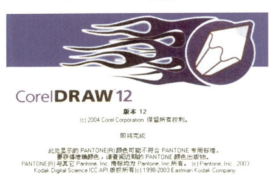

平面设计软件 CorelDraw 是一个绘图与排版的软件，它广泛地应用于商标设计、标志制作、模型绘制、插图描画、排版及分色输出等诸多领域。作为一个强大的绘图软件，商业设计和美术设计的PC几乎都安装了CorelDraw。CorelDraw是基于矢量图的软件，它的功能可大致分为两大类：绘图与排版。CorelDraw界面设计清晰，操作简单明了。它为设计者提供了一整套的绘图工具：包括圆形、矩形、多边形、方格、螺旋线，并配合塑形工具，以对各种基本图形做出更多的变化，如圆角矩形、弧、扇形、星形等。同时也提供了特殊笔刷如压力笔、书写笔、喷洒器等，以便充分地利用计算机处理信息量大、随机控制能力高的特点。

5．Freehand软件

该软件是Macromedia 公司出品的矢量绘图软件，功能强大。支持导出 txt、ai、bmp、eps、gif、jpg、swf、pdf、png、psd、rtf 等格式，结合HTML更是出众之极。透过 Freehand MX 将您的设计能力发挥到极致。只有 Freehand MX 能在一个流畅的图形环境中替您从概念顺畅地转移到设计、制作和进行最终部署提供所需的一切工具。而且整个过程都在一个文件中进行，缩减您的创作时间，轻易地制作出可重复用于 Internet 的内容、建立新的内容以及其他格式。

第四节 常用的印刷纸张

一件好的设计作品最后形成印刷品需要经过很多的环节和工艺，这里面涉及前期的设计校对、制版输出、后期印刷纸张的选用及裁切、印刷设备性能的把握，等等。由于本章的篇幅有限就不作详细的讲解了，这里将一些涉及应用比较广泛的印刷纸张、纸张的裁切、校对的符号、常规印刷机的制版做一些简单的说明。

1. 印刷纸张与特性

1）铜版纸

特性：表面光滑，白度较高，纸质纤维分布均匀，厚薄一致，伸缩性小，有较好的弹性及较强的抗水性能和抗张性能，对油墨的吸收性与接收状态十分好。

主要用途：主要用于印刷画册、封面、明信片、精美的产品以及彩色商标等。

克重：常见的有80、105、128、157、200、250、300、350（g/m^2）。

2）哑粉纸

特性：与铜版纸所不同的是该纸表面亚光，纸质纤维分布均匀，厚薄性好，密度高，弹性较好且具有较强的抗水性能和抗张性能，对油墨的吸收性与接收状态略低于铜版纸，但厚度较铜版纸略高。

主要用途：主要用于印刷画册、卡片、明信片、精美的产品样本等。

克重：常见的有80、105、128、157、200、250、300、350（g/m^2）。

3）白卡纸

特性：是一种较厚实坚挺的白色卡纸，分黄芯和白芯两种。

主要用途：主要用于印刷名片、明信片、请柬、证书及包装装潢用的印刷品。

克重：250、300、350、400（g/m^2）。

4）白板纸

特性：内芯为灰色，纸质厚实，坚挺，分灰底白和白底白两种。

主要用途：主要用于各种包装装潢用的印刷品。

克重：250、300、350、400（g/m^2）。

5）双胶纸

特性：应用广泛，质量稳定。

主要用途：主要用于各种说明书、信封、信签等。

克重：60、70、80、90、100、120（g/m^2）。

6）书写纸

特性：书写纸是供墨水书写用的纸张，纸张要求写时不沾。

主要用途：主要用于印刷练习本、日记本、表格和账簿等。

克重：45、50、60、70、80（g/m^2）。

7）牛皮纸

特性：可以承受很大的拉力，有单光、双光、条纹、无纹等，分白牛皮和黄牛皮两种。

主要用途：主要用于包装纸、信封、纸袋等。

克重：60、70、80、100、120（g/m²）。

8）不干胶

特性：背面有胶，纸张较薄。分镜面、铜版、书写不干胶等，且黏性有差异。

主要用途：主要用于瓶贴，包装等。

克重：70，80，90，100，120（g/m²）。

2．印刷纸张的开切

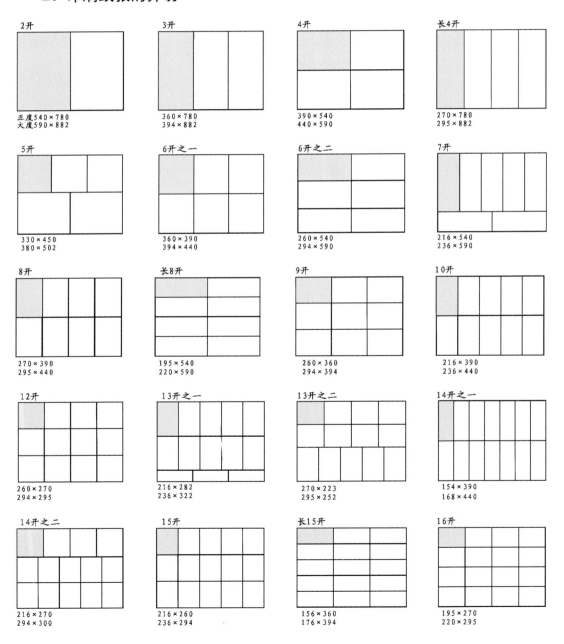

3. 文字校对使用的正确符号

编号	符号形态	符号作用	符号在文中和页边用法示例	说 明
1		改 正	增高出版物质量 提 改革开改 放	改正的字符较多，圈起来有困难时，可用线在页边画清改正的范围 必须更换的损、坏、污字也用改正符号画出
2		删 除	提高出版物物质质量。	
3		增 补	要搞好校工作。 对	增补的字符较多，圈起来有困难时，可用线在页边画清增补的范围
4		对 调	认真经验总结。 认真验结经总。	用于相邻的字词 用于隔开的字词
5		接 排	要重视校对工作， 提高出版物质量。	
6		另起段	完成了任务。明年……	
7		转 移	校对工作，提高出 版物质量要重视。 "。以上引文均见中文新版《列宁全集》。 编者 年 月 …… 各位编委：	用于行间附近的转移 用于相邻行首末衔接字符的推移 用于相邻页首末衔接行段的推移
8	∧ <	减小空距	二、校对程∧序 ∧ 校对胶印读物、影印 < < 书刊的注意事项：	
9	△	保 留	认真搞好校对工作。 △	除在原删除的字符下画△外，并在原删除符号上画两竖线

来源：《有关出版的法律法规选编》

4．16开杂志或书籍制作稿版样（四开机上机印刷）

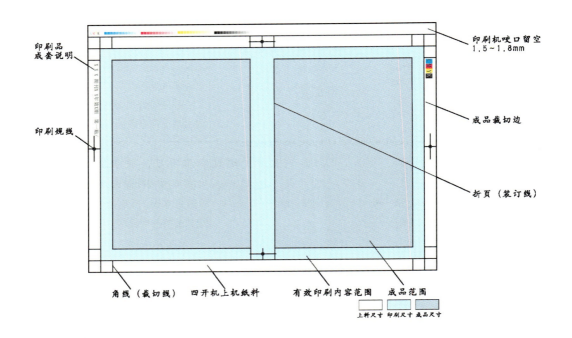

练习：版式设计的流程及印制过程需要结合实践，深入到印刷和输出的实地了解整个过程。尝试把前面章节设计的作品通过具体的流程印制成印刷品。因为印制会需要一定的经费，建议运用传统手工打样来完成练习。

第六章 版式设计在平面设计中的应用

学习目标： 学习版式设计的最终目的是运用到实际工作中去，版式设计的领域涉及报纸、广告、书籍、包装和网页等。通过本章学习，使学生了解报纸、书籍、包装、网页等的版式设计的实际运用，能够把前面所学的知识运用到实际工作中。

教学要求： 针对每一种媒介的不同特性利用具体的图例进行讲解。

平面设计的范畴涉及很多的领域，如书籍、报纸、杂志、广告和网页等，这些媒介载体无一不体现了版式设计的原理。版式设计自身有着自己的形式原理和构成原理，除了需要掌握的理论外，对每一种载体特有的原理也是需要了解的。根据每种载体的不同特性，设计师在进行设计的时候，需要做不同调整。下面就几种常见的媒介，来进行讲解。

第一节 报纸的版式设计

一张令人赏心悦目的报纸是由报纸版面组成的，而优秀的报纸版面离不开好的版式设计。版式设计在报纸版面中扮演着举足轻重的作用，报纸的版面是由文字、图片、色彩、字体、栏、行、线、报头、报花、报眉以及空白等要素构成的，版式就是报纸版面构成的组织和结构。

报纸因其特有的传播快、发行面广的优点而受到大众的欢迎，所以，在设计报纸版式时要考虑到报纸的特性。在进行报纸的版式设计时，一般都是以网格系统为依据进行设计编排，这样做的原因是因为报纸信息多，采用网格系统可以避免纷杂无序。

在进行报纸版面设计时，一般根据报纸的开本大小，把版心分为一栏、二栏甚至更多栏，在栏数确定的基础上，根据栏的位置及大小来安排文字、标题、插图等。在运用网格系统的同时，不仅方便了设计师的工作，也使得版面看起来更符合人们的阅读习惯。除了网格系统的运用，设计师也把版式设计的构成形式原理、艺术规律运用到报纸版式设计中，如对称、均衡、韵律、分割等。这样报纸的版式设计不仅仅具有科学的条理性，还带给人们视觉享受的艺术感。

在设计报纸版式的过程中，设计师最容易遇到的问题是内容的主次安排、面积大小、文章长短、标题横竖的处理搭配，如果处理不好，整个版面就会看起来凌乱无序，使人阅读吃力。所以，设计师必须使整个版面协调统一，而又不失灵活。在报纸版面中，文字是传递信息最主要的方式，所以，整个报纸版面中，文字是最需要关注的元素。设计师需要根据信息的重要性来安排文字的大小、主次、方向，包括文字版的大小，在大版旁边陪衬小版块，或者小版块里面夹杂少量大版块。在设计报纸版面时，设计师一定要遵循变化统一的原则，整个报纸版面既不能设计得太花哨，也不能过于呆板，要在整体中求变化，变化中求统一。

报纸是新闻的集合，这些新闻根据需要被分为时政、经济、科教、文娱、体育等。这些不同内容的新闻如何在最短的时间内、以最适合的方式展现在读者面前，是需要考虑的问题。由于报纸是以文字作为传播信息的手段，所以版式设计师就需要考虑如何让单一的文字形成"线"，从而进一步形成"面"。在报纸版式中，"线"是最基本和重要的元素。在报纸版面中，设计师要把文字组合成一块块的面，并在这个基础上，形成面的大小对比、方向对比。在同一报刊里面的不同分区，要强化报头的形象，来增加其品牌统一性。通过固定报头、广告栏、导读栏、图片与文字的固定编排来形成报刊的特有风格和特点，带给读者固定的企业形象。

报纸的主要功能是阅读性，所以，设计师在设计报纸版式的时候要以方便阅读为基础。报纸的版式采用稳定的版式设计方式会带给读者阅读的流畅感和舒适感，读者也能够根据自身的需要快速、方便地找到自己感兴趣的部分，所以，报纸的栏目导读显得尤其重要。

第二节　书籍和杂志的版式设计

1．书籍的版式设计

从早期的甲骨文，到后来造纸术、印刷术的发明，都可以看到版式设计的影子。书籍里面的文字不仅仅是传达信息的载体，也是视觉识别的符号。书籍中版式设计的目的就是使读者与书籍构建信息，从而使读者理解书籍所要传达的内容。对于经过版式设计协调的书籍能够有效地传递信息，反之，混乱的版式设计会形成阅

图片来源：壹峰设计收集

第六章　版式设计在平面设计中的应用

图片来源：壹峰设计收集

第六章 版式设计在平面设计中的应用

图片来源：壹峰设计收集

81

读的障碍。书籍的版式设计主要是对文字的排列、字体的选用、字号的大小、图片图像的编排与栏目的多少等要素进行统一的规划。最终目的是使书籍层次分明、具有良好的阅读感。

书籍中的版式设计范围如下。

（1）开本大小及形态的选择。

（2）外观、封面、护封、书脊、勒口、封套、腰封、顶头布、书签、书签布、书顶、书口的一系列设计。

（3）版式编排（包括：字体、字号、字间距、行距、分栏、标题、正文、注释、书眉和页码设计）。

（4）零页的设计（包括：扉页、环衬、版权页）。

（5）插图的绘制。

（6）印刷工艺的选择和应用。

（7）材料的选择和应用。

书籍的开本、版心和图片尺寸应该协调；设计风格要贯穿全书始终，包括扉页和附录版面应该遵循易读原则，还应该和书籍内容相适应（具体到字号、行距、行长之间的关系，左右两边整齐或者只有左边整齐等）。字体的选择应该适应书籍的内容和风格，文字与图片的关系、注释和脚注等应便于查找，版面文字安排应一目了然、合适和符合目的。

1）护封和封面

护封和封面是书籍最直观的外貌。一方面带给读者视觉上的美感；另一方面，书籍上的书名、作者及内容提要都在向读者展示书籍的内容。

护封和封面是体现作者思想和反映书籍内容的地方，所以，书籍的护封和封面除了要根据书籍的内容进行创意，在文字、图形方面要做到恰如其分的组合，还要考虑到纸张材质的运用，带给读者耳目一新的具有艺术独创性的书籍设计。

2）书籍开本设计

书籍的开本是指书籍幅面大小、形状。书籍的开本是以一张全开的印刷用纸切成若干幅面相等的张数。这个张数就是开本数。设计开本要考虑成本、读者、市场等多方面因素。开本还要和书籍的类型和内容相结合。

3）内页版式

内页有版心、天头（上白边）、地脚（下白边）、切口（外白边）、订口（内白边）、书眉（眉头和眉脚）等，其版式分为有边版式和无边版式。

有边版式是一种以订口为轴心，左右两面对称的形式，每一面的文字或图片部分，都被安排在特定的版心里面。而且一旦确定了这种形式，那整本书的版面就按这个形式来设计。

无边版式，又称自由版式，没有固定的版心、文字、图片的安排完全不受白边与版心的制约，可以随意出现在版面的任何位置，比较自由。这种版式设计形式丰富多样，较适用于画册、摄影类等以图片为主的书籍。

4）书眉和页码

书眉的作用不仅是大家所认为的导读作用，书眉还可以起到装饰版面的作用。排在版心上部的文字及符号统称为书眉。它包括页码、文字和书眉线。横排页的书眉一般位于书页上方。单码页上的书眉排节名，双码页排章名或书名。校对中双单码有变动时，书眉也应作相应的变动。未超过版口的插图、插表应排书眉，超过版口(不论横超、直超)，则一律不排书眉。

书刊正文每一面都排有页码，一般页

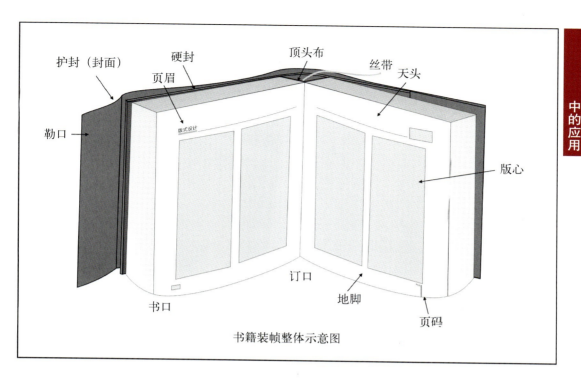

书籍装帧整体示意图

码排于书籍切口一侧。在印刷行业中将一个页码称为一面，正反面两个页码称为一页。页码的安排相对比较自由，可以安排在上下边，而且也可以安排在书口中央。

5）图片、插图的版式编排

图片、插图对书籍的内容起着补充、解释的作用，不仅如此，图片、插图还起着美化装饰的作用。图片、插图的编排设计形式多样，对整个版面起着重要的作用，可以文字环绕图片，也可以几个图片并排，单个图片排满页、半页。图片、插图在书籍版式设计的时候灵活多变，可以根据书籍内容以及形式美的要求不断变化。设计师在进行设计编排时要做到诠释内容与装饰的两种功能相结合。

2．杂志的版式设计

现代社会，杂志已经成为了人们获取信息和娱乐不可缺少的读物。市面上杂志的种类繁多，有文学、绘画、时政、时装、经济、科技等。版式设计的目的是使版面产生清晰的条理性，更好地突出主题，达成最佳的诉求效果。它有助于增强读者对版面的注意，增进对内容的理解。要使版面获得良好的诱导力，鲜明地突出诉求主题，可以通过版面的空间层次、主从关系、视觉秩序以及彼此间的逻辑条理性的把握与运用来达到。按照主从关系的顺序，放大主体形象使之成为视觉中心，以此来表达主题思想。将文案中多种信息作整体编排设计，有助于主体形象的建

图片来源：ANNUAL BOOK

图片来源：CONTEMPORARY GRAPHIC DESIGN

第六章 版式设计在平面设计中的应用

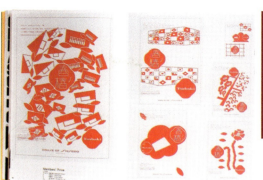

图片来源：*2005 WORLD DESIGN ANNUAL*

图片来源：*CONTEMPORARY GRAPHIC DESIGN*

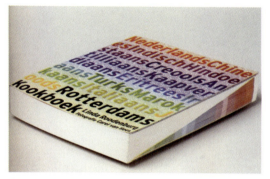

图片来源：*CONTEMPORARY GRAPHIC DESIGN*

图片来源：《国际书籍装帧设计精品集》

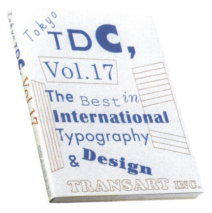

图片来源：*ANNUAL BOOK*

85

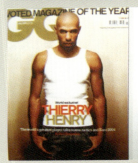

立。在主体形象四周增加空白量，使被强调的主体形象更加鲜明突出。杂志的内容定位不同，风格也不同。不同杂志的版式设计应采用不同的编排原则，而且整个杂志应该编排手法统一，在进行编排的过程中，应该极大地发挥网格系统的作用。杂志的封面及刊名是一本杂志的标志性特征，是区别于其他杂志、具有自身独特个性的品牌识别。版式设计师应该根据读者群及杂志的定位来设计，建立符合自身企业理念的品牌。杂志的版式设计在字体的选取、颜色和字号的设计上具有更大的多变性和灵活性，在图片及版式颜色的处理上也有更大的空间。设计师进行杂志编排设计的最终目的还是方便读者的阅读，在此基础上形成自己的版式特色。

第三节　广告的版式设计

根据广告主题的要求，平面广告的版式设计对传达内容的各种构成要素予以必要的设计，进行视觉的关联与配置，使这些要素和谐地出现在一个版面上，并相辅相成。在构成上成为具有活力的有机组合，散发出最强烈的感染力，传达出准确而明快的信息。

报纸、海报、路牌、邮递广告、宣传单、产品包装等都在平面广告的范围内。版式设计师不但要考虑受众及市场的需求，还要结合不同媒介载体的特性进行设计。

第六章 版式设计在平面设计中的应用

图片来源：TOKYO ART DIRECTORS CLUB

图片来源：《世界最佳杂志封面》　图片来源：ADC　　　　　图片来源：《世界最佳杂志封面》

图片来源：TOKYO ART DIRECTORS CLUB　　图片来源：壹峰设计　　图片来源：壹峰设计

图片来源：BIG BOOK OF GRAPHIC DESIGN

图片来源：壹峰设计

图片来源：BIG BOOK OF GRAPHIC DESIGN

图片来源：壹峰设计

图片来源：壹峰设计

图片来源：壹峰设计

图片来源：壹峰设计

图片来源：壹峰设计

现代广告越来越注重创意。人们面对铺天盖地的广告难免厌烦，此时，吸引人的、有创意的广告更容易被人们所接受。人们面对信息的洪流，显得越来越没有耐心。因为对广告主要传达的东西不是越来越清晰，而是越来越混乱。对此，版式设计师所要做的事情就是简化所要传达的信息，在进行版式编排时，尽可能地突出广告主最想让大众知道的信息。图形在广告中起着非常重要的作用，它在广告版式中能够直观地体现意图，但文字依然是激发大众深层想象的要素，能带给人们无穷的遐想。

世界已经进入广告时代，衣食住行无一不涉及广告。作为广告版式设计师，不仅要考虑如何在编排的过程中运用艺术原理和规律创造悦目的版式，还要考虑如何引导消费、塑造流行文化和价值。

1. 海报招贴的版式设计

新奇、简洁、夸张都是海报招贴的特点，有商业海报招贴和公共文化海报招贴，也有系列招贴和主题性海报招贴。海报招贴主要由主题、文案、插图、广告主这几大要素构成。图形是海报招贴信息传递的主要载体，图形应该简洁，图形与文字的结合应该具有丰富的视觉效果。海报招贴的版式设计是设计师将图形、色彩、文字几大要素，根据主题的需要，按照一定意图形成具有艺术价值与商业价值的设计。版式设计师将各种要素运用到作品中，创造出一种特定主题和意义的招贴文化。在创作海报招贴前，设计师应该了解广告目的、受众人群、发布位置等信息，然后根据主题进行版式编排工作。海报招贴的版式设计应该具备新颖奇特、简洁直率、夸张对比的特点。

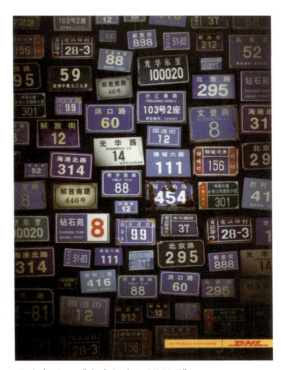

图片来源：《广告档案1-6(2006)》

图片来源：《广告档案1-6(2006)》

图片来源：《广告档案1-6(2006)》

图片来源：《广告档案1-6(2006)》

图片来源：*TOKYO ART DIRECTORS CLUB*

图片来源：《广告档案1-6(2006)》

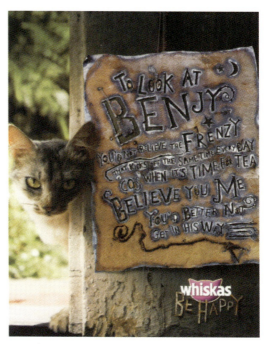

图片来源：《广告档案1-6(2006)》

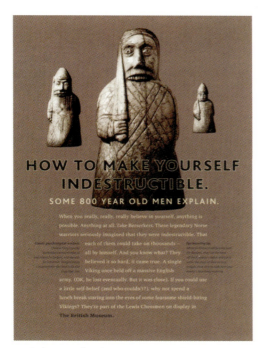

图片来源：《广告档案1-6(2006)》

图片来源：《广告档案1-6(2006)》

图片来源：《广告档案1-6(2006)》

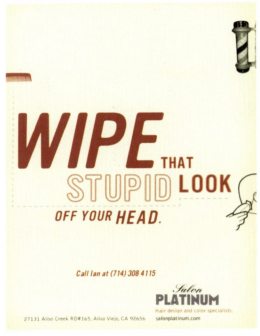

图片来源：《广告档案1-6(2006)》

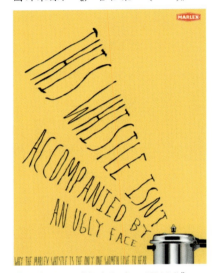

图片来源：《广告档案1-6(2006)》

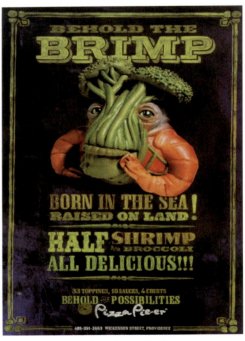

图片来源：《广告档案1-6(2006)》

图片来源：壹峰设计

2. 户外广告的版式设计

人们的很多活动都是在户外完成的。一定意义上讲，户外广告作为一个亮点更能够吸引大众，达到宣传的目的。户外广告因为具有空间性的特点，所以在制作上比一般平面报纸海报要麻烦，在制作工艺和材料上都有它的特殊性。户外广告的尺寸要能够引起大众的注意，在字体、字号的选择上也应该大方，在版式设计上应该简洁、醒目、突出，在最短时间内传递最重要最明了的信息。户外广告中的图形要简练、色彩要对比强烈，版式编排上不宜太复杂，力求在整体和谐统一的前提下突出主要的视觉元素。好的户外广告不仅能加大广告对大众的吸引力，也能在一定程度美化了市容，带给人们强烈的现代都市感。

3. POP广告版式设计

在商场、超市随处可以看到POP广告。它是在销售点进行促销的广告，具有宣传、推销及诱导消费的作用。POP广告一般在色彩上比较单纯强烈，在版式上主次突出、对比强烈，常采用重复排列和对比的方式来突出商品。POP广告在造型形态上比较丰富多变，通过一系列夸张对比

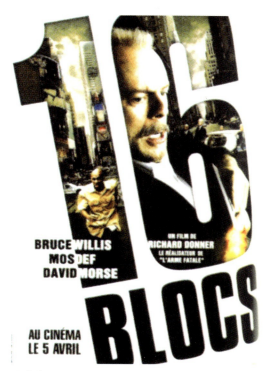

图片来源：*GRAPHIC DESIGN IN JAPAN 2005*

图片来源：*GRAPHIC DESIGN IN JAPAN 2005*

版式设计

图片来源：ANNUAL BOOK

图片来源：2005 WORLD DESIGN ANNUAL

图片来源：2005 WORLD DESIGN ANNUAL

图片来源：2005 WORLD DESIGN ANNUAL

的手法吸引大众的注意力。POP广告的文字一般都在比较醒目的位置，加上简洁明亮的图形，使得版面活泼视觉冲击力强。

第四节 宣传品的版式设计

宣传品是为了让大众更好地了解商品和企业；是在某些特定场合出现的一种用品设计。宣传品的种类繁多、造型多样、纸张选择余地大、印刷效果好，很多企业、商场、展会现场都采用宣传品的方式宣传自己。而且宣传品有着易携带易观

图片来源：壹峰设计

看的特点，很多企业都印刷大量的宣传品让大众带走，这样对于企业、商品的宣传能够起到一个持续的效果。宣传品大致分为：广告单页、折页和宣传册三种类型。

一般的宣传品（如产品介绍或节目单等）通常只有一个单页或一个折页。在结构和外形上能运用多种手法，增加宣传品的趣味性，这类宣传品在版式设计上灵活多样，主要是根据主题确定表现形式，或以具有较强视觉冲击力的插图为主，文字介绍为辅，或以文字编排为主，图形为辅。这类宣传品版式应简洁清晰，使受众一目了然。

图片来源：*POP*

图片来源：*POP*

图片来源：*POP*

图片来源：*POP*

折页和宣传册在版式设计上就要运用网格系统中的骨骼网络来进行版面空间的划分,并依主次信息,安排好标题、文字和图像的位置。这样的规划整体性强,结构清晰,使受众能够按照既定的方式接受信息,从而达到良好的宣传效果。

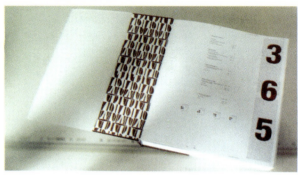

图片来源:*2005 WORLD DESIGN ANNUAL*

版式设计

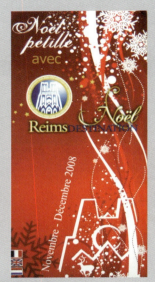

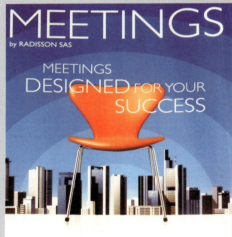

本页图片来源：壹峰设计

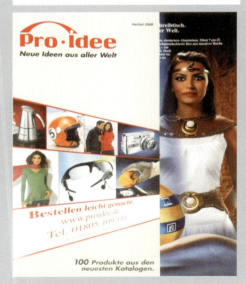

98

图片来源：*2005 WORLD DESIGN ANNUAL*

第六章　版式设计在平面设计中的应用

图片来源：CORPORATE

图片来源：GCREATIVE 2005

图片来源：GCREATIVE 2005

第五节　网页中版式设计的运用

网页的版式设计同平面设计中的版式设计有很多共同之处。如，它们都是将诸如文字、图片等设计要素进行有机的排列组合。因此，网页的版面效果同样要遵循版面的造型要素及形式原理。具体而言，网页的版式设计是指将网页中的各种视觉要素（视频、动画、文字等）进行周密的组织和精确的定位，以获得页面的秩序感，使网站内部页面的整体性通过版式得到统一。给人一种有机联系的感觉，从而形成一种特定的氛围。

网页版式的表现形式多种多样，它应根据网站的主题进行设计。例如，娱乐休闲类的网站版式应该生动活泼，给人轻松舒适的感觉；政府事业单位类的网页，版面应具有庄重和规范的特征。

导航栏目系统是网页中必不可少的，同时也是网页版式同传统版式最大的区别所在。导航系统设计相对灵活，并可以动态化呈现，且比较新奇。网页的导航系统常设计为多功能的多栏菜单结构，既体现了交互性，又方便读者切换网页。因此，导航系统是网页版面设计中一个十分重要的因素。除此之外在设计网页版式时，还应注意网页的传输速度问题。快捷的传输速度是网络的优势之一，版式设计也应该在提高传输速度上下工夫，不能因为复杂的版式设计而延缓传输速度，这样会使浏览者失去耐心，放弃浏览。

网站版式设计的类型大概有以下几种。

1. 分割式布局

页面上分布了多条横向色块，将页面整体分割为几个部分，色块中大多放置广告条。

2. 均衡布局

网页的版式分为左右两大块。左边占据版面1/3面积，放置辅助信息；右边占据很大空间，为网页的主要版面，用来编排重要信息。

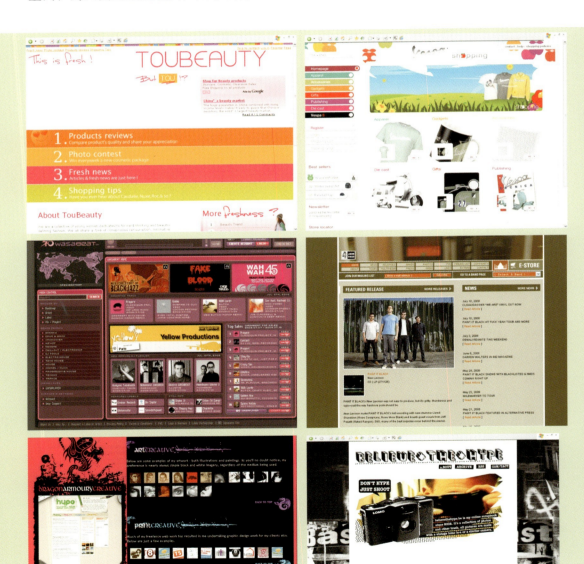

3. 报刊式布局

这种布局多用于信息量较大的网站，即页面顶部为横条网站标头，下方紧跟着导航栏，接下来就是左右分割的布局。这种形式是网页设计中应用最广泛的布局方式，其页面结构清晰，主次分明，但整体感觉较为呆板。

图片来源：*2006*

4. 海报式布局

海报式布局指页面布局像一张宣传海报，以一幅图片为页面的设计中心。其优点是醒目、视觉冲击力强；缺点是应用时速度较慢。这种版式布局多用于宣传类站点的网页设计。

5．自由版式布局

不拘于传统的布局形式，随心所欲地将文字与插图进行并置错位，重叠拼凑，造成一种杂乱无章，但又有视觉中心的版面形式。

这种版式冲击力强，能迅速吸引受众的目光，给人一种个性张扬的感觉效果，因此，这类布局多用于个人站点的网页设计。

第六章 版式设计在平面设计中的应用

图片来源：《Images网页书籍》

练习：分阶段地虚拟设计内容，针对不同的媒介如报纸、杂志、海报、广告和网页等的特点进行设计，或以前面课程中个人推广为主题设计一系列个人宣传品。

第七章　版式设计作品赏析

学习目标： 在对版式设计的基础知识了解之后，结合现实生活中版式设计案例，分析揣摩这些设计在编排上的特点，仔细领会其中的技巧。提高对版式设计的认识，增强审美能力，为以后的设计作铺垫。

教学要求： 利用资讯的便捷性通过不同的途径收集优秀的版式设计作品，就作品的版式设计加以具体分析和讲解。

版式设计

图片来源：*ADC*

图片来源：《全球最佳视觉传达设计年鉴》

在版式设计中，视觉元素是编排设计的主导。在这些图例中，单纯从视觉元素字体的角度进行编排，反映出各种各样的形式，如打散、倾斜、比例大小、趣味化、或者是适合某种特意的形等，不同的表现形式传达出的视觉感受是不同的。

第七章 版式设计作品赏析

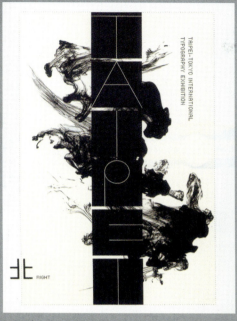

图片来源：ADC

图片来源：《全球最佳视觉传达设计年鉴》

左边两幅图例在版式设计上用了中轴线，其中上图以中轴线左右视觉元素对称，上下平衡；下图采用中轴线为主视觉上调和均衡。右图运用了跨页、模切的形式和工艺创造出整体视觉和动态触觉。

109

图片来源：《印刷的终结：戴维·卡森的自由版式设计》

  戴维·卡森的代表作，打破传统的格栅系统创造出随意、看似杂乱的编排作品，但文字图形的穿插互动，却形成有机、另类的视觉效果。

图片来源：*Design In Japan 2005*

图片来源：*Design In Japan 2005*

第七章 版式设计作品赏析

版式设计在传达信息的同时,要给人视觉上的享受,要创造出具有时代感的审美作品;这几幅图例中文图的搭配、虚实的运用是至关重要的。疏密呼应细节的处理都创造出很好的形势美感。

图片来源:《全球最佳视觉传达设计年鉴》

图片来源:艺态

图片来源：《全球最佳视觉传达设计年鉴》

第七章 版式设计作品赏析

这些作品都是壹峰设计在商业设计中的应用案例。一个好的平面设计作品，首先要以委托客户的主观意愿、最大化的传达信息为主导，反映商业价值。版式编排要围绕信息传达为宗旨，不能太过于强调编排形式。优秀的设计作品是信息传达与审美相结合的产物。

版式设计

练习：收集自己认为好的版式设计作品5～10幅，就作品的版式设计特点加以阐述，通过相互间的分享从中理解和提高对版式设计的认知能力。

参考文献

[1] [英]李维斯·布莱威尔. 印刷的终结：戴维·卡森的自由版式设计[M]. 张翎译. 北京：中国纺织出版，2004.

[2] 何见平. 乌韦勒斯与他的学生们[M]. 北京：中国青年出版社，2004.

[3] [德]霍斯特·莫泽. 世界最佳杂志封面&版式设计[M]. 姚香泓，等译. 大连：大连理工大学出版社，2004.

[4] [英]罗杰·沃尔顿. 国际图形联展版面设计[M]. 江滔译. 合肥：安徽美术出版社，2005.

[5] 赵钧，唐玮. 形式至上[M]. 郑州：河南文艺出版社，2006.

[6] 时学志. 第九届中国广告节获奖作品[M]. 北京：中国摄影出版社，2002.

[7] 西班牙国家对外文化推广署，中华世纪坛世界艺术馆. 300%Spanish Design [M]. 北京：文物出版社，2007.

[8] [日]日本AG出版社. POP[M]. 长沙：湖南美术出版社，2004.

[9] 编委会. 艺态[M]. 周渊，张艳译. 上海：上海人民美术出版社，2006.

[10] [日]P.I.E BOOKS编辑部. 国际书籍装帧设计精品集[M]. 北京：中国青年出版社，2002.

后 记

　　版式设计是视觉传达的基础，视觉传达设计具有很强的流行性和时尚气息，所以版式设计教学也应该结合不同的时代、不同的审美、不同的媒介，推出不同的学习方法。设计者一直以来都身处商业设计的风口浪尖，深切感受着客户对设计的要求，是他们在不停地鞭策着设计者在设计上不断地创新和创造。因此有许多设计者在版式设计上积累了丰富的感受和认知，包括笔者在内。在教学和工作空闲时，笔者一直都在琢磨在版式设计方面写点什么，北京大学出版社艺术设计类教材出版计划给了一个编写机会。

　　本书的编辑制作是笔者的研究生樊燕同学经过几个月的辛勤工作才得以完成的，在这里向其表示谢意。同时也要感谢身边许许多多的良师益友所给予我支持和指教。由于本人学术水平有限，对于教材编写中出现的不妥之处恳请谅解，并请不吝指正！

周　峰
2009年7月于南湖